Wolfgang Fleischer

Spurensuche

Das Aufspüren, Bergen und Auswerten von militärhistorischen Bodenfunden

Band 4

PODZUN-PALLAS

Bildnachweis

Carls (2), Eiermann (7), Fleischer (106), Heiss (5), Jülch (4), Keczycki (22);

Die beiden Luftbildaufnahmen vom Gelände der ehemaligen Heeresmunitionsanstalt Siegelsbach wurden freundlicherweise von der LUFTBILD-Datenbank,
Ing. Büro H. G. Carls, 97082 Würzburg, Saalgasse 3 und 5,
Telefon 09 31 - 450 11 00, Fax 09 31 - 45 01 10 31 zur Verfügung gestellt.

Quellen- und Literaturverzeichnis

Liste der Fertigungskennzeichen für Waffen, Munition u. Gerät, Berlin 1944;
Datenblätter fur Heeres-Waffen Fahrzeuge Gerät, Berlin 1944;
Burg,K. Die deutschen Landesbefestigungen im Osten 1919-1945, Osnabrück 1993;
Rauschert, M. Sprengkommandos, Stuttgart 1980;
Schütz, von Die Panzerlafetten auf den Schießplätzen des Grusonwerk bei Magdeburg-Buckau und Tangerhütte, Magdeburg 1989;
Seeger, H, Ferngläser und Fernrohre in Heer, Luftwaffe und Marine, Hamburg 1995;
Handbuch der Waffenlehre, Berlin 1903;

PODZUN-PALLAS-VERLAG GmbH,
Kohlhäuserstraße 8, 61200 Wölfersheim-Berstadt
Tel. 0 60 36 / 94 36 Fax 62 70

Verantwortlich für den Inhalt ist der Autor.

Technische Herstellung:
VDM Heinz Nickel, Kasernenstraße 6-10, 66482 Zweibrücken

ISBN- 3-7909-0667-0

Verkaufspreis: 24,80 DM / öS 181.-- / sfr 23,00

Inhalt

Mitarbeiter des ehemaligen Munitionsbergungsdienstes Dresden bergen 1986 in einem Gartengrundstück in Alt-Franken bei Dresden eine 8,8-cm-Flugzeugabwehrkanone. Die früheren Besitzer hatten das Geschütz am 23.Mai 1945 vergraben. Sie wollten den Garten nutzen; die Kanone behinderte sie dabei.

Ein Wort zuvor

1997 erschien der erste Band der Taschenbuchreihe "Spurensuche". Er hat, wie die nachfolgenden Bände auch, bei den Lesern großes Interesse gefunden. Das Konzept, deutsche Militärgeschichte der neueren Zeit episodenhaft an ausgewählten Beispielen ihrer materiellen Hinterlassenschaft lebendig und für jedermann nachvollziehbar, zu erzählen, ist aufgegangen. Auch die Hinweise, die zu einem verantwortungsbewußtem Umgang mit den militärhistorischen Sachzeugen anregen sollten, blieben nicht ungehört. Die große Zahl der Zuschriften bestätigt das.

In "Spurensuche" Band 1 wurde großer Wert darauf gelegt, die Bedeutung von Bodenfunden für die Aufarbeitung historischer Ereignisse herauszustellen, um im weiteren bestimmte Grundregeln für die Arbeit mit ihnen formulieren zu können. Band 2 war vor allem ihrer Konservierung und Restaurierung gewidmet. Band 3 stand ganz im Zeichen von Zeugnissen des Luftkrieges, der Flugzeugbergung und dem Schicksal ihrer Piloten. Der hiermit vorgelegte vierte Band ist wiederum einem Schwerpunktthema gewidmet - **der Nutzung dreidimensionaler militärhistorischer Sachzeugen als Quelle historischer Forschung.** Ein Thema, dessen Bedeutung keinem Archäologen erst klargemacht werden muß. Für Museologen ist der Umgang mit gegenständlichen historischen Quellen sozusagen Lebenselixier. Gleiches darf für die zunehmende Zahl privater Sammler in Anspruch genommen werden, die auf ihren Spezialgebieten bisher Großes geleistet haben. Erinnert sei an dieser Stelle an die Arbeit von Hans Seeger zum Thema "Militärhistorische Ferngläser und Fernrohre in Heer, Luftwaffe und Marine" (Hamburg 1995) oder die Studien von Werner Thote zur Fertigung tragbarer Kleinfunkgeräte für die ehemalige Deutsche Wehrmacht. Insgesamt gesehen vermittelt sich allerdings der Eindruck, daß die Auswertung gegenständlicher Quellen zur deutschen Militärgeschichte des 19. und 20 Jahrhunderts bei den Historikern in diesem Land keinen besonders hohen Stellenwert besitzt. Woran liegt es, daß mit diesem Quellenmaterial so nachlässig umgegangen wird? Nehmen wir als Beispiel nur die Geschichte der deutschen Kriegswirtschaft im Zweiten Weltkrieg. Umfangreiche Aktenbestände mit Aussagen zu dieser Thematik sind durch Kriegseinwirkung unwiderbringlich verloren gegangen oder von den Archiven der Siegermächte einverleibt worden. Wissenslücken könnten zumindest in Teilbereichen durch Ergebnisse gegenstandsbezogener Forschung kompensiert werden. Sie sind nicht nur für die Militärgeschichte von Bedeutung, sondern berühren auch die Wirtschafts- und Regionalgeschichte. Ein besonders sensibler Bereich gesellschaftlicher Entwicklung soll hier nicht in Vergessenheit geraten: Unsere Umwelt. Um kriegswirtschaftlich bedingte Altlasten lokalisieren und hinsichtlich ihrer Gefährdungskategorie bewerten zu können, sind solide historische Recherchen notwendig. Ohne diese gibt es letztlich keine brauchbaren Ergebnisse. In diesem Bedingungsgefüge

kommt dem Hauptthema dieses Bandes der Taschenbuchreihe "Spurensuche" ein besonderer Stellenwert zu.
Der Autor bedankt sich bei Herrn Dr. Manfred Lachmann (Dresden) und Herrn Dr. Günter Thiede (Berlin). Beide haben in der Vergangenheit in vielfältiger Weise zur Herausarbeitung dieses Themas beigetragen. Herzlicher Dank gebührt Herrn Werner Thote (Radeburg) und Frau Sonja Wetzig (Dresden).

Freital, im Frühjahr 1999 Wolfgang Fleischer

Diese Schartenkuppel für ein 7,92-mm-Maschinengewehr 42 war 1996 an der Autobahn nach Krakau (Krakow)geborgen worden, Der Schieber zum Verschluß der Maschinengewehrscharte fehlt. Die Panzerung des Oberteils ist beachtlich. Sie weist Stärken zwischen 35- und 125 mm auf.

Der Drehturm eines Panzerkampfwagen IV mit 7,5-cm-Kampfwagenkanone 37 L/24 war bereits im August 1993 aus der Apfelstedt bei Wandersleben geborgen worden. Er hatte seit dem Kriegsende, zusammen mit anderen Panzerteilen als Uferbefestigung gedient.

Brüster Ort
Gr.-Dirschkeim
Rantau
Cranz
Pobethen
Laptau
Ellerkrug
Kl. Hausen B.
Rudau
Fritzen
Palmnicken
Bernstein-Küste
S a m l a n d
Germau
Galtgarben
Drugehnen
Quednau
Neuhsn.
Godnicken
Juditten
KÖNIGS
Tenkitten
Powayen
Fischhsn.
Heydekrug
Neuhäuser
Pillau
Neutief
Peyse
Brandenbg.
Seepothen
Löwe
Tharau
Frisching
N a t a n g e n
Hobbelbude
Schwanbehnen
Kreuzbg.
Frische Nehrung
Frisches Haff
Rosenbg.
Wolittnick
Bladiau
Kukehnen
Schmoditten
Neukrug
Heiligenbeil
Zinten
Rositten
Pr.-Eylau
Passarge
Tiefensee
Kahlbg.
Braunsbg.
Schloß-B.
Worienen
Frauenbg.
Vogelsang
Lichtenfd.
Landsbg.
Tolkemit
Neukirch
Hogendf.
Cadinen
Lenzen
Tiedmannsdf.
Glottau
Butter-B.
Mehlsack
Mühlhsn.
Heinrikau
Raunau
E r m l a n d
Terranova
Elbing
Schlobitten
Basten
Drewenz
Heilsberg
Gildenboden
Döbern
Wormditt
Alle
Götchendf.
Arnsdf.
Wiecherts-hof
Drausen
Pr. Holland
Liebstadt
Guttstadt
Reichertswde.
Freudenberg
Grünhgn.
Herzogswalde
Blumenau
Mohrungen
Ministerbg.
Baumgarth
Miswalde
Reichau
Gr.-Lemkendorf
Christbg.
Maldeuten
Bestendt.
Gr. Gemmern
Saalfeld
Hom
Göttkendf.
O b e r l a n d
Weinsdorf
Liebemühl
Allenstein
Finkenstn.
Schilling S.
Schönbrück
Biebers walde
Osterode
Stabigotten
Schwalgendf.
Wulping-S.
Rosenbg.
Bergfriede
Wittigwde.
Sonnenau
H o c k e r l a n d
Kraplau
Hohenstein
Neudeck
Peterswalde
Tannenb.-D.
Dt. Eylau
Rosen
Kernsdf.
Frögenau

Bergung einer Panzerlafette für 5-cm-Kanone bei Biesellen (Biesal) im August 1997

Das Vorhandensein zweier Panzerlafetten für 5-cm-Kanonen auf den beiden dreigeschossigen Infanterietürmen an der Eisenbahnbrücke über die Passarge (Pasleka) war seit längerem aus der Fachliteratur bekannt (vgl dazu: Burg, Kurt; Die deutschen Landbefestigungen im Osten 1919-1945. Osnabrück 1993, S.71-74). 1996 fanden die dazu vorliegenden Erkenntnisse durch Festungsforscher aus den Niederlanden, die von einer Reise aus Polen zurückgekehrt waren, nochmalige Bestätigung. Anlaß genug, um nach Möglichkeiten zur Bergung der seit knapp 100 Jahren Wind und Wetter ausgesetzten Panzerlafetten zu suchen. Schon die Tatsache, daß sie sowohl für jedermann sichtbar noch in ihrer ursprünglichen Stellung waren und die Zeitläufe unbeschadet überstanden hatten, glich einem Wunder. Es mußte gehandelt werden. Von vornherein wurde das Ziel verfolgt, zumindest eine Panzerlafette vor dem weiteren Verfall zu bewahren und in einer musealen Exposition in der Bundesrepublik Deutschland zu zeigen. Diese Aufgabe ließ sich nur in Zusammenarbeit mit Ortskundigen aus Polen lösen, zumal die Bergung erst noch bei den dortigen Behörden beantragt und von diesen genehmigt werden mußte. Das Interesse polnischer Hobbyhistoriker und Freunde der Militärtechnik war schnell geweckt. Parallel zum Genehmigungsverfahren wurden Erkundungen durchgeführt und vorbereitende Arbeiten abgeschlossen. Vor Ort zeigten sich komplizierte Bedingungen. Parallel zu dem von Ost nach West verlaufenden Bahndamm der Bahnlinie Insterburg (Tschernjachowsk)-Allenstein (Olsztyn)-Thorn (Torùn) führte ein unbefestigter Weg zu den unmittelbar an der Brücke über die Passarge (Pasleka) gelegenen, gemauerten Türmen. Die versumpfte Flußaue, zur Zeit des Baus der Verteidigungsanlagen eine gewichtige Position in der militärischen Planung, ließ kein anderes Herankommen zu. Um an die in den Decken der Infanterietürme eingelassenen Panzerlafetten zu gelangen, mußte zunächst ein Zugang von außen gefunden werden. Dieser war durch eine 100 mm dicke Stahlplatte verschlossen. Angesichts der bescheidenen Hilfsmittel, mit denen bei den Arbeiten in luftiger Höhe gerechnet werden konnte, ein fast nicht zu überwindendes Hindernis.

Mittlerweile war die offizielle Genehmigung zur Bergung der Panzerlafetten eingetroffen. Die Arbeiten konnten beginnen. Am 18. August 1997 war es dann soweit. Die Arbeitsgruppe mühte sich vom Dorf Tomaryny aus mit einer Zugmaschine mit Sattelauflieger und dem Bagger soweit als möglich über die Eisenbahnbrücke an die beiden Infanterietürme heranzukommen. Den Rest der Wegstrecke mußte der Bagger aus eigener Kraft überwinden. Vor Ort wurde nochmals beraten. Zuerst sollte die Panzerlafette von dem südlich des Bahndammes befindlichen Infanterieturm geborgen werden. Die zu erwartenden Gewichte waren beachtlich. In dem Firmenkatalog "Die

Panzerlafetten auf den Schießplätzen des Grusonwerkes bei Magdeburg-Buckau und Tangerhütte" aus dem Jahr 1889 ist das Gesamtgewicht einer Panzerlafette mit 2570 Kg angegeben, wovon allerdings das nicht mehr vorhandene 142 Kg schwere Geschützrohr abgezogen werden konnte. Als Zugang zur betonierten Decke des Infanterieturms diente eine in das Mauerwerk eingelassene, stark verrostete Stahlleiter. Die erste Arbeit bestand darin, die rechteckige 100 mm starke Panzerplatte herauszustemmen, anzuheben und an den Fuß des Infanterieturms zu befördern. Nun kam man an das Unterteil der Panzerlafette heran und konnte das schwenkbare Oberteil mit dem Sockel vom Unterteil lösen. Mit Hilfe eines Stahlrohres und zwei Hubwinden wurde das Oberteil angehoben. Hilfreich war dabei die Lüftungsklappe in der Mitte, durch deren Öffnung das Stahlseil geführt werden konnte. In ähnlicher Weise ist das zylindrische Unterteil mit den Laufrädern und das darunter befindliche kurze Schienenstück geborgen worden. Das nächste zu lösende Problem des Bergeteams stellte sich wesentlich komplizierter dar. Die tonnenschweren Einzelteile der Panzerlafette (das Oberteil mit dem Sockel und das zylindrische Unterteil mit den Laufrädern) mußten von der Decke des Infanterieturms zum Erdboden abgelassen werden. Bewerkstelligt wurde das mit Hilfe einer Seilbahn und unter Verwendung des am Fuße des Infanterieturms aufgestellten Baggers. Dabei fiel das Unterteil in die Passarge (Pasleka), ist jedoch mit Hilfe des Baggers ohne größere Mühe wieder aus dem schlammigen Untergrund herausgezogen worden. Anschließend wurden die Teile der Panzerlafette verladen und abtransportiert. An einem der nächsten Tage gelang es, die zweite Panzerlafette von dem nördlich des Bahndammes befindlichen Infanterieturm zu bergen.
Eine erste Bestandsaufnahme zeigte den erstaunlich guten Erhaltungszustand der Panzerlafetten. Das Stück, das zuerst geborgen worden war und

Der Bahndamm bei Biesellen (Biesal). Im Hintergrund sind die beiden Infanterietürme zu erkennen.

Das Bergeteam beim Antransport schwerer Technik, unmittelbar am Bahndamm der Eisenbahnstrecke nach Thorn (Torun).

Zu den vorbereitenden Arbeiten gehörte es die 100-mm starke Panzerplatte in der Decke des Infanterieturms herauszustemmen, um an die Panzerlafette heranzukommen.

Die einzelnen Arbeitsschritte zum Abheben des schwenkbaren Oberteils der Panzerlafette.

Das Unterteil der Panzerlafette wird aus dem Schacht in der Decke des Infanterieturms gehoben. Gut zu erkennen ist der ursprünglich mit einer Panzerplatte abgedeckte Zugang zur Panzerlafette.

Die erste Etappe der Bergung ist abgeschlossen. Nun muß die in zwei Teile zerlegte Panzerlafette zum Fuß des Infanterieturms herabgelassen werden.

das Gegenstand der weiteren Untersuchung wurde, wies folgende Schäden auf: Das Oberteil aus 32- bis 36-mm dicken Gruson'schem Hartguß war mit einer bemerkenswert dünnen, dafür um so gleichmäßigeren Schicht aus korrodiertem Material überzogen. Von dem umlaufenden Regenabweiser aus geteertem Gewebe konnten nur noch kleine Reste bzw. die dafür vorgesehenen Halterungen festgestellt werden. Einen ähnlich positiven Eindruck vermittelte der Zustand des zylindrischen Unterteils. Die beiden Flügel der nach rückwärts weisenden Tür ließen sich ohne großen Aufwand bewegen. Oberhalb der Tür war mit weißer Farbe aufschabloniert "5 cm Pl. 3". Erste Säuberungsarbeiten förderten Reste des Rostschutzanstrichs zutage (Mennige). Im Innern fielen größere Flächen mit gut erhaltenen weißen und hellgrauen Farbresten auf. Das Holz auf der Sitzfläche für den Richt- und Ladeschützen war verrottet. Von den Patronenkästen befand sich nur noch einer in einem einigermaßen brauchbaren Zustand und bildete später die Vorlage zur Nachbildung solcher Munitionsgefäße. Die bei weitem größten Schäden zeigte der Boden der Panzerlafette. Gleiches galt für kleinere Segmente im unteren Bereich der Panzerung des runden Unterteils. Sie waren durch das sich hier immer wieder sammelnde Regenwasser verursacht worden.
Die geglückte Bergung und der gute Erhaltungszustand der Panzerlafette waren Anlaß, nach weiteren Einzelheiten zur Geschichte der beiden Fundstücke zu forschen. Das war eine wichtige Voraussetzung für die spätere museale Nutzung eines dieser aussagekräftigen Exponate. Parallel dazu liefen Bemühungen zur Beschaffung einer 5-cm-Schnellfeuerkanone L/24, deren tatsächliches Kaliber mit 53-mm angegeben ist, sowie zur Nachbildung einiger unverzichtbarer Teile, die zum Innenleben der Panzerlafette gehört hatten. Die Ergebnisse der damit verbundenen Arbeiten werden zum Schluß dieses Beitrages ausführlicher dargestellt.
Im folgenden einige Angaben, die zur Geschichte der Panzerlafetten ermittelt werden konnten. Ihre Entwicklung war, vermutlich ohne einen Auftrag der Artillerieprüfungskommission, in den Magdeburger Grusonwerken bis 1888 zum Abschluß gebracht worden. Das Unternehmen gehörte seinerzeit zu den namhaftesten Herstellern hochwertiger Geschütz- und Panzerkonstruktionen in Deutschland. In dem bereits erwähnten Firmenkatalog über Panzerlafetten vom Mai 1889 ist bereits eine ausführliche Beschreibung über die "fahrbare Panzerlafette für eine 5,3-cm-Schnellfeuerkanone L 24 mit Munitionsgelaß für 130 Schuß" zu finden. Ferner erwähnt der Autor, Julius von Schütz, einer der Ingenieure des Grusonwerkes, daß im Frühjahr 1886 damit begonnen worden war, auf den werkseigenen Schießplätzen eine Anzahl Panzerlafetten zu montieren. Sie dienten Erprobungs- und Vorführzwecken. Im Mai 1889 gehörte zumindest eine fahrbare Panzerlafette zum festen Inventar. Dafür, daß ihre Entwicklung zu diesem Zeitpunkt bereits abgeschlossen war, spricht auch die Tatsache, daß die Artillerie-

Zusammen ergab sich für die beiden Teile der Panzerlafette ein Gewicht von rund 2400 Kg. Die Lasten wurden mittels einer improvisierten Seilbahn abgelassen.

Das Seil wird am Unterteil der Panzerlafette befestigt. Gut zu erkennen sind auch die unterschiedlich großen Schießscharten des Infanterieturms.

prüfungskommission im Jahr 1888 auf dem Versuchsschießplatz Kummersdorf die Erprobung einer solchen Konstruktion durchgeführt hat.
In den Jahren 1889 und 1890 beschaffte die deutsche Heeresverwaltung 200 5-cm-Kanonen in 5-cm-Panzerlafette, die man als splittersichere Flankierungsgeschütze in Befestigungen einzusetzen gedachte. Laut Vorschrift vom 5. September 1890 wurde ihr Hauptverwendungszweck in der "... Unterstützung der Infanterie in frontaler und flankierender Abwehr von Nahangriffen gegen befestigte Stellungen mittels Kartätschfeuer" gesehen. Im Kriegsfall ließen sie sich schnell ein- und ausbauen und wurden deshalb in Depots, in der Nähe ständiger oder geplanter provisorischer Befestigungsanlagen gelagert. 1890 lief der Beschaffungsauftrag an die Grusonwerke in Magdeburg-Buckau mit der Auslieferung der 200. 5-cm-Kanone in 5-cm-Panzerlafette aus. Ein Anschlußauftrag über ein 6-cm-Geschütz in vergleichbarer Lafettierung erlangte keine Bedeutung.
Die Geschichte der beiden Panzerlafetten aus den Infanterietürmen am Ufer der Passarge Pasleka) begann erst sieben Jahre später. Um die Eisenbahnbrücken der wichtigen Eisenbahnverbindung Insterburg (Tschernjachowsk)-Allenstein (Olsztyn)-Thorn (Torùn), weiter nach Posen (Poznàn), im Kriegs-

Auch das Oberteil der Panzerlafette gelangte wohlbehalten nach unten. Das Unterteil des Rohrträgers ist abmontiert worden.

5 cm Panzerlafette.

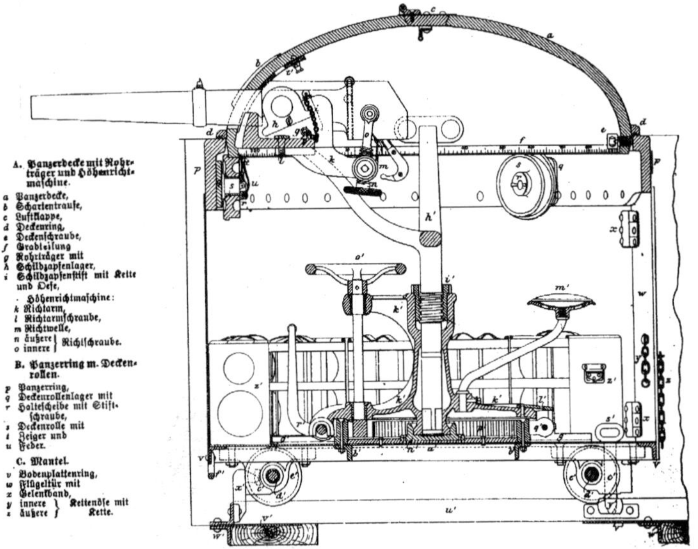

fall vor dem schnellen Zugriff durch die russische Kavallerie schützen zu können, wurde der Bau von Befestigungsanlagen (Infanterietürmen und Blockhäusern) befohlen. In der "Allerhöchsten Kabinettsordre" vom 30. Juni 1897 heißt es dazu: "Eine örtliche fortifikatorische Verstärkung der Bahnpunkte Jablonowo, Bergfriede und Biesellen ist nach Maßgabe der verfügbaren Mittel unverzüglich in die Wege zu leiten, und die Eisenbahnbrücken bei den genannten Orten derartig mit Befestigungen zu versehen, daß sie durch eine geringe Anzahl von Mannschaften gegen Zerstörungsversuche feindlicher Kavallerie gesichert werden können." Im Januar 1900 sind weitere Sicherungsmaßnahmen angeordnet worden. Erstmals fand die Unterscheidung nach Infanterietürmen und Blockhäusern begrifflich Verwendung.

Die beiden Infanterietürme bei Biesellen (Biesal) gehörten zu den größten Bauwerken dieser Art auf ostpreußischem Gebiet. Jeder hatte ein Erdgeschoß und drei Obergeschosse. Ein unmittelbar am Ufer der Passarge (Pasleka) verlaufender Gang verband die beiden Türme miteinander. Ihre gemauerten Außenwände erreichten eine Dicke von 1,5 m. Den Besatzungen standen allein in den drei Obergeschossen je 62 Scharten für den Einsatz von Handwaffen und Maschinengewehren zur Verfügung, die so angelegt waren, daß eine geschlossene Rundum-Feuerwirkung erzielt werden konnte. Die betonierten Decken waren leicht abgeschrägt. Sie nahmen in der Mitte je eine 5-cm-Kanone in 5-cm-Panzerlafette auf, die allerdings nur auf größere Entfernung oder entlang des Bahnkörpers wirken konnten. In ganz ähnlicher Weise waren die Lutrine- und Drewenzübergänge bei Jablonowo und Bergfried fortifikatorisch gesichert worden. In der Summe ergab das insgesamt sechs 5-cm-Kanonen in 5-cm-Panzerlafetten, die auf Grund der "Allerhöchsten Kabinettsordre" vom 30. Juni 1897 zur Sicherung der Eisenbahnlinie nach Posen (Poznàn) eingebaut worden sind. Eine Bestandsübersicht aus dem Jahr 1914 zeigt insgesamt 190 solcher Geschütze, die wie folgt verteilt waren:

Metz	40 Stück
Diedenhofen	10 Stück
Straßburg	10 Stück
Feste Kaiser Wilhelm II	16 Stück

Die Panzerdecke mit Rohrträger und Handrad für die Seitenrichtung. Für die Hartgußpanzerung ergab sich eine Stärke von 32- bis 36 mm. Das Unterteil besaß einen Panzerring von 50 mm Stärke; alle anderen Teile zeigten eine Panzerung von 14,5 mm.

Neubreisach	16 Stück
Ostpreußische Seensperre	4 Stück
Thorn	8 Stück
Graudenz	18 Stück
Marienburg	6 Stück
Weichelstellung	2 Stück
Posen	10 Stück
Breslau	50 Stück

Während des Ersten Weltkrieges ist ein erheblicher Teil der in den Festungen und Depots befindlichen 5-cm-Kanonen in 5-cm-Panzerlafetten zur Verstärkung der Feldstellungen an die Front gebracht worden. Aus dieser Zeit liegen keine Angaben vor, die Rückschlüsse darauf zulassen, daß die beiden bei Biesellen (Biesal) installierten Panzerlafetten an Kampfhandlungen beteiligt gewesen wären. Da die Masse der Panzerlafetten infolge der Kampfhandlungen während des Ersten Weltkrieges und nach Inkrafttreten des Versailler Vertrages am 10. Januar 1920 der Vernichtung anheim fielen, gehören sie heute zu den wenigen erhalten gebliebenen Stücken ihrer Art. In Militärmuseen anderer Länder befindliche Panzerlafetten gelangten infolge von Exportaufträgen, die von den Grusonwerken realisiert worden sind, dorthin. Um so höher war das Maß der Verantwortung, das im weiteren Umgang mit der im August 1997 auf dem heutigen Territorium der Republik Polen geborgenen Panzerlafette angelegt werden mußte.

Der Transport der zerlegten Panzerlafette nach Deutschland erfolgte in zwei Etappen. Nach gründlicher Bestandsaufnahme sind in enger Zusammenarbeit von Historikern und Restauratoren folgende Entscheidungen getroffen worden:

1. Die Panzerlafette bleibt im historisch überlieferten Zustand erhalten. Dazu war es notwendig, die vorhandene Substanz sorgfältig zu säubern und zu konservieren.

2. Um die Funktion der Panzerlafette im Rahmen einer Ausstellung anschaulich darstellen zu können, wurde die Beschaffung wichtiger Teile und Baugruppen im Original oder als Nachbildung als unverzichtbar angesehen. Dazu gehörten:

a: die 5-cm-Schnellfeuerkanone L/24,

b: die Munitionskästen,

c: der Sitz für den Richt- und Ladeschützen,

d: die Firmenplakette der Grusonwerke Magdeburg-Buckau.

Mit der Unterstützung des Museums für Militärgeschichte, Handwerk und Naturkunde in Dahn-Reichenbach, konnte innerhalb kurzer Zeit eine 5-cm-Kanone L/24 ausfindig gemacht und im Tausch erworben werden. Ebenso schnell wurde eine leicht beschädigte Firmenplakette aus Messing beschafft, die aber einer ursprünglich in der Festung Metz befindlichen Panzerlafette zugeordnet werden muß. Mehr Zeit nahm da schon die Nach-

Vorbereitungen zum Zusammenbau der Panzerlafette, Aufnahme vom September 1998.

Die Panzerdecke mit Rohrträger und Höhenrichtmaschine (Oberteil) und der Panzerringe mit Deckenrollen (Unterteil) sind gesäubert und konserviert worden. Gut zu erkennen ist die Nachbildung des 1303,5 mm langen Geschützrohres.

bildung der Munitionskästen und des Sitzes in Anspruch. Sie standen erst im Januar 1999 zum Einbau bereit. Die Säuberung und Konservierung der zerlegten Panzerlafette sind schon im September 1998 zum Abschluß gekommen. Ein zunächst unlösbares Problem tat sich bei dem Versuch auf, das 1303,5-mm lange Rohr des Geschützes in das Oberteil der Panzerlafette einzubauen. Es zeigte sich eine geringfügige Differenz in den Maßen (5 mm), die verhinderte, daß die beiden Schildzapfen in die Schildzapfenlager eingepaßt werden konnten. Das Geschütz verklemmte und ließ sich vertikal nicht mehr schwenken. Die Ursache konnte zunächst nicht festgestellt werden, zumal das Rohr als Bodenfund einige Schäden aufwies. Erst zu einem späteren Zeitpunkt stellte sich heraus, daß es sich um ein Rohr der 5-cm-Kanone in 5-cm-Kasemattlafette handelte. Was blieb anderes übrig: für die Panzerlafette mußte eine Nachbildung des Geschützrohres angefertigt werden. Sonst wäre alle Mühe umsonst gewesen. Die mit der Herstellung einer Nachbildung verbundenen Probleme ließen sich mit der Hilfe eines namhaften Hydraulikelementenherstellers aus Süddeutschland schnell und unkompliziert lösen. Das Geschützrohr stand rechtzeitig im September 1998 für den mit Spannung erwarteten Zusammenbau der Gesamt-

Die 5-cm-Kanone in der 5-cm-Kasemattlafette. Das Rohr ist nicht zum Einbau in die Panzerlafette geeignet.

Einbau der Panzerdecke mir Rohrträger und Höhenrichtmaschine.

Der Zusammenbau der Panzerlafette ist abgeschlossen. Vorsichtig wird das 2570 kg schwere Exponat aufgenommen, um in die Ausstellungshallen transportiert zu werden.

konstruktion zur Verfügung. Ganz bewußt wurde es als Nachbildung kenntlich gemacht, zum Beispiel dadurch, daß die Züge nur angedeutet worden sind. So kann einer späteren Verfälschung vorgebeugt werden.
Heute ist die 5-cm-Kanone in Panzerlafette im Militärhistorischen Museum in Dresden zu sehen und steht dort als aussagekräftiges Belegstück für die industrielle Revolution und deren Auswirkung auf das Militärwesen in Deutschland im ausgehenden 19. Jahrhundert. Die Geschichte ihrer Bergung ist ein gutes Beispiel für die über Ländergrenzen reichende kameradschaftliche Zusammenarbeit von Berufs- und Hobbyhistorikern und zeigt lebendig, wie eng unsere Geschichte miteinander verbunden ist.

Taktisch-technische Daten

Kaliber:	53 mm
Anfangsgeschwindigkeit der Sprenggranate	457 m/s
Feuergeschwindigkeit:	30-35 Schuß/min
Schußweite der Sprenggranate:	3200 m
Schußweite der Kartätsche:	bis 400 m
Höhenrichtbereich:	-5 Grad/+10 Grad
Seitenrichtbereich:	360 Grad
Rohrlänge:	1303,5 mm = L/24,6
Durchmesser der Panzerlafette:	1420 mm

Höhe der Panzerlafette (ohne Schiene und Laufräder)	1380 mm
Gewicht der Panzerlafette mit Kanone:	2240-2570 Kg
Gewicht des Rohres mit Verschluß:	142 Kg
Gewicht der Protze:	690 Kg
Gewicht der Sprenggranate mit Aufschlagzünder: (davon Sprengladung)	1,67 Kg (0,085 Kg)
Gewicht der Kartätsche mit Hartbleikugeln:	2,38 Kg
Gewicht der Treibladung (Würfelpulver):	0,11 Kg
Panzerung:	
Oberteil der Panzerlafette (Hartguß):	32-36 mm
Unterteil der Panzerlafette:	
(oben)	50 mm
(vorn)	13 mm
(seitlich)	13 mm
(hinten)	23,5 mm
(Tür)	14,5 mm
Bedienung:	2 Mann

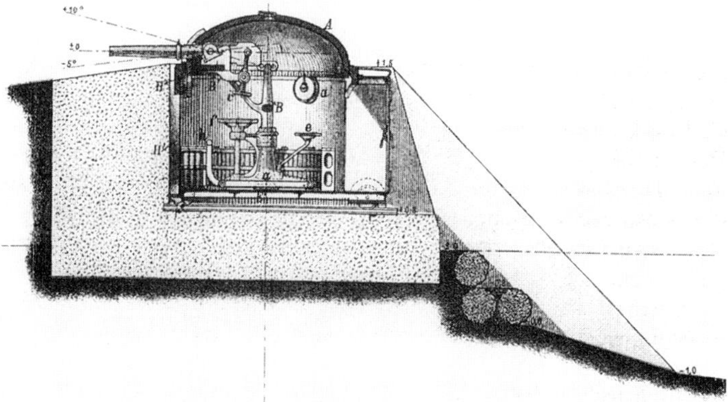

Gesamtansichten der fertig restaurierten 5-cm-Panzerlafette. Es fehlen die Regenwasserabweiser an der Geschützscharte und für den Panzerring,

Vor dem Haupteingang des Militärhistorischen Museum in Dresden

Die 5-cm-Panzerlafette in der ständigen Ausstellung des Militärhistorischen Museum in Dresden. Zwischen der Bergung und der Ausstellung dieses wertvollen militärhistorischen Sachzeugen ist gerade einmal ein Jahr vergangen.

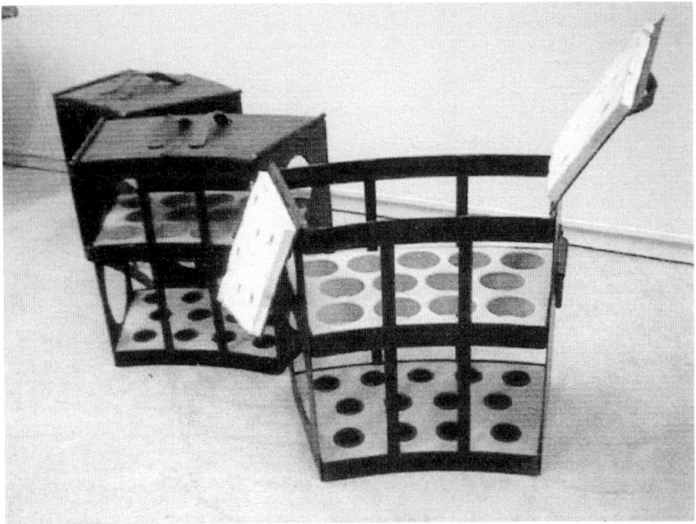

Nachbildungen der Patronenkästen für die 5-cm-Panzerlafette.

Die zweite in Biesellen (Biesal) geborgene Panzerlafette ging an das Dreiecklandmuseum in Heitersheim. Sie war stärker beschädigt und wird derzeit aufwendig restauriert.

Bei der 5-cm-Kanone in 5-cm-Panzerlafette handelte es sich um ein Schnellfeuergeschütz,das zur Grabenbestreichung in Festungen und zur Verstärkung befestigter Stellungen verwendet worden ist. Ihre Aufgaben übernahm später das Maschinengewehr. Schon vor Ausbruch des Ersten Weltkrieges galt sie als veraltet.

Im Bruch
Schelmenmaile
Krähenbad
Lerchenberg
Hüffenhardt
Dächerbronn
Eierberg
Bhf
Gepfad
Kriegst
Hippberg
Dachsbau
Utzenberg
Mastenrain
Österberg
Eichbrünnle
Österwiesen
Steinacker
Utzenberg
Hüttich
Am Berg
Totenweg
Dachsloch
Wagenbach
Taubenäcker
Gärtnerswald
Kratzert
Rohräcker
Rehnd
Ueberhausen
Wasenwald
Angeloch
Schlag
Gaisberg
Winterloch
bergimpern
Spessart
Luft
Boberbusch
Am Zollstock
Heidenschlag
Heigern
Michelherd
Heide
Linsenberg
Waldäcker
Vorhölzle
Babstadt
Eckbiegel

Bergung des Triebwerksteils einer Vergeltungswaffe 2 auf dem Gelände des Bundeswehrdepots Siegelsbach im April 1998

Die Wege der Überlieferung gegenständlicher historischer Sachzeugen sind so vielgestaltig wie die Geschichte selbst. Insider wissen, Überraschungen gehören hier zum Alltag. Dennoch, die Fundgeschichte die im Folgenden geschildert wird, dürfte wegen einer Reihe ungewöhnlicher Begleitumstände aus dem Rahmen fallen. Sie beginnt am 25. Februar 1945. An diesem Sonntag starten von einem Flugplatz der US-Air Force im französischen Dijon 91 zweimotorige Bomber vom Typ B-26 "Marauder". Ihr Ziel war die Heeresmunitionsanstalt Siegelsbach bei Heilbronn. Wie berichtet wird, war der 25. Februar 1945 ein sonniger Tag mit ausgezeichneter Fernsicht. 13.55 Uhr erreicht die aus 45 Maschinen bestehende erste Welle Siegelsbach. Sie griffen aus Richtung Norden an und entluden ihre Bombenlast. Eine knappe Stunde später (14.32 Uhr) waren die 26 "Marauder" der zweiten Welle über dem Zielgebiet und entledigten sich ihrer tödlichen Fracht. Deutsche Gegenwehr gab es nicht. Dunkle Qualmsäulen standen weithin sichtbar über dem Gelände der Heeresmunitionsanstalt, dazwischen Flammenzungen und immer wieder gewaltige Detonationen. Die Wirkung des Bombardements war einfach verheerend. Ein im Wald abgestellter Güterzug mit einsatzbereiten ballistischen Raketen A-4 (Vergeltungswaffe 2) war getroffen worden. Zu jeder Rakete gehörte eine Sprengladung von 1000 Kg Gewicht, dazu Alkohol und Sauerstoff für die Antriebsanlage. Im Wirbel der zerplatzenden Raketenkörper wurden Teile des Zuges durch die Luft geschleudert. Krater mit einer Tiefe bis zu 20 m entstanden. Die Zerstörungen waren so stark, daß ein letzter Angriff der US-Air Force am 2. März 1945 nur noch die Trümmer von Gebäuden und Anlagen sowie des Transportzuges und der Raketen traf.

Bei einem der Angriffe war das Teil eines Raketentriebwerkes bis in 12 m Höhe geschleudert worden und hatte sich im Astgewirr einer zu dieser Zeit schon 90 Jahre alten Buche verfangen. Es blieb dort oben und wuchs in einen der Äste ein. Entdeckt wurde das Teil im Jahr 1996, während der Übernahme des Depots von den Amerikanern. Sie hatten die ehemalige Heeresmunitionsanstalt nach dem Zweiten Weltkrieg übernommen und zum Sperrgebiet erklärt. Es dauerte allerdings zwei Jahre bis in die Sache mit dem Triebwerksteil Bewegung kam. Am 8. April 1998 rückte eine Bergeteam aus dem AUTO + TECHNIK MUSEUM Sinsheim mit der museumseigenen Autodrehleiter an, um den mittlerweile fast in den Baum eingewachsenen militärhistorischen Sachzeugen aus luftiger Höhe zu bergen. Das Kreischen der Motorsäge hallte durch den "Muna"-Wald. Schnell war das Teil mitsamt dem Ast aus dem Baum herausgeschnitten und mit der Arbeitsbühne zum Erdboden gebracht. Inzwischen hat das Triebwerksteil seinen festen

CONFIDENTIAL

12 AF Form 34-1
2 June 1944

DAILY OPERATIONS REPORT

Group **17 Bomb Group** Squadron **34-37-95-432**

Report from Period ending 2100 Hrs **2 March** 19 **45** Mission No. **586**

1. No Off **52 - B 26's** Time Up **11.51** Time Down **48 -16.08** Total Hours **218:48**

2. a. Type Mission **Daylight -Precision** b. Escorted by **64th Ftr.Wing 15-18 P-47's**

3. Weather **Clear --- Visibility 12 Miles**

4. a. A/C Not Crossing Enemy Lines No. & Type **4 - B 26's.** Reason **Air Spares**
   b. A/C Crossing E/L But Failing To Complete Mission No. & Type **6 B 26's** Reason **Flt. Ldr didn't Bomb**; **6 B 26's** **Bombardier Error**

5. Target: (1) **SIEGELSBACH; AMMO DUMP (R-949 747), GERMANY** (2) **TOWN OF SCHWEIGHAUSEN (W-1857) GERMANY**

3) ---- 4) ----

a. Objective, Coordinate & Aiming Point	Initial Point of Bomb Run	b.Time of of Attack	c.No. A/C attacking	d.Alt. Of Release
(1) AMMO DUMP R-949747, GSGS 4416 SHEET U-3,CENTER,GERMANY	Eppingen,	14.08	36	12000'
(2)				
(3)				
(4)				

6. Narrative
   a. Formation enroute and on Bomb Run. Bombing Procedure. Direction of Attack on objective and withdrawal (by degrees). Describe any evasive action employed. **2 -24 Boxes Formation en route), Flights in trail (FORMATION BOMB RUN).- Flight dropped on Lead BOMBARDIER of their respective flight (Bombing Procedure).- attack made on axis of 25 degrees with left break.- Moderate evasive actions employed from IP to target and on breakaway.**

   b. Ground Speed of Attack **204**
   400' circle

   c. Duration of Bomb Run (1) (2) (3) (4)
   30 Sek. -- -- --

   d. Percentage of Bombs in Target Area **61**

   e. Any Facts of Significance including results: **FIRST PHASE STRIKE ASSESSMENT REPORT 42nd BOMB WING." The assigned target for this attack was a rectangular area running east west, measuring 1000 X 1400 feet, and centered on the grid R 966756. The bombs of two flights fell in the administration and barracks section at the east end of the target area. One large administration-type building received two or three direct hits. Direct hits were also scored on at least three smaller buildings. One section of the rail spurs in the area was cut by this concentration of bombs.The bombs of one flight fell in the same storage area which is located at the center of the north edge of the dump, this concentration fell on the west end of the assdgned target. Possible hits were scored on at least two of the storage units but accurate pinpointing of bombs is difficult due to partially obscuring cloud cover. The bombs of this entire flight were concentrated in th assigned area. One flight's bomb fell off the east edge of the dump at a point approximately 3000 feet east of the assigned target. The bombs of another flight fell just off the west end of the target area. The bombs of only five of the six flights whic bombed area covered by photographs." --- Fourteen (14) A/C took photos.**

CONFIDENTIAL

Kampfmittelbeseitigung in der ehemaligen Heeresmunitionsanstalt Siegelsbach nach dem Ende des Zweiten Weltkrieges.

Platz in der Militärabteilung des Sinsheimer Museums gefunden. Zugegeben, es ist für die Besucher, die sich nur von dem Chrom und Lack der hier gezeigten renommierten Automobil- und Motorradmarken beeindrucken lassen, kein besonders interessantes Ausstellungsstück. Es ist der mit diesem Stück verbundene unverwechselbare Informationsgehalt, der es dem aufmerksamen Beobachter gestattet, sich gedanklich mit dem konkreten Geschehen auf einem kleinen Stück deutschen Bodens zum Ende des Zweiten Weltkrieges auseinanderzusetzen. Das Schicksal der daran gebundenen Menschen kann nur erahnt werden.
Genau so interessant sind die Angaben, die in Verbindung mit dem Fundstück zur Geschichte der Vergeltungswaffe 2 zusammengetragen werden konnten. Laut einer Ausstoßübersicht vom 11. April 1945 waren im Februar des Jahres insgesamt 616 ballistische Raketen zur Auslieferung gekommen. Ihr Einsatz gegen Ziele in England, Belgien und den Niederlanden verursachte bei den Alliierten erhebliche Verluste und bewegte die öffentliche Meinung in diesen Ländern. Abwehrmöglichkeiten gab es nicht, ausgenommen es gelang, die Fertigungsanlagen und Starteinrichtungen aufzuklären und zu bombardieren. Das die Heeresmunitionsanstalt Siegelsbach als Zwischenlager vor dem Einsatz der Raketen eine gewichtige Rolle gespielt hat, dürfte der alliierten Luftaufklärung nicht entgangen sein. Zu den Folgen gehörten die Luftangriffe vom 25. Februar und 02. März 1945.
Ursprünglich hatte die 1939 in Betrieb genommene Heeresmunitionsanstalt Siegelsbach die Aufgabe, Artilleriemunition mit einem Kaliber bis 22 cm

Die Heeresmunitionsanstalt Siegelsbach auf einer Luftaufnahme der USAAF vom 9. Februar 1945. Für Transportanmeldungen und Leermaterialanforderungen bei der Deutschen Reichsbahn war für Siegelsbach der Tarnname "Helene" zu verwenden.

Die Vergrößerung einer Luftaufnahme vom Gelände der ehemaligen Heeresmunitionsanstalt Siegelsbach vom August 1953. Gut zu erkennen sind die Sprengtrichter, die teilweise gewaltige Ausmaße zeigen.

mit Sprengstoff zu füllen, zu lagern und versandfertig zu machen. Sie wurde, wie es in der Sprache der Feuerwerker hieß, schußfertig gemacht, in Packgefäße gebracht und verladen. Ende 1943 war mit dem Bau des "Südlagers" begonnen worden, wo in absehbarer Zeit ballistische Raketen A-4 (Vergeltungswaffe 2) einsatzbereit gemacht werden sollten. Schon bald kamen die ersten Raketen. 13 m lang lagen sie auf offenen Rungenwagen. Die Spitzen von jeweils zwei Raketen ragten in einen dazwischen gekoppelten dritten Wagen. Der ganze Zug war mit Tarnbezügen so gut abgedeckt, so daß zumindest in der ersten Zeit nicht einmal das Zugbegleitpersonal von der gefährlichen Fracht wußte.

Hier wurden die mit rund 1000 Kg Sprengstoff gefüllten Gefechtsköpfe der Raketen und die dazugehörigen Kopfzünder K.Z.5 bereitgestellt. Die Montage erfolgte erst unmittelbar vor dem Einsatz.

Das "Südlager", so wissen Augenzeugen zu berichten, bestand nach Abschluß der Bauarbeiten aus 30 großen Baracken, in die je drei parallel verlegte Gleise führten. Hier wurden die Raketen auf Spezialloren umgeladen und zwischengelagert. Damit die Züge nicht erst zum Bahnhof nach Siegelsbach gebracht werden mußten, sind im Juli 1944 auf der Bahnstrecke zwischen Obergimpern und Siegelsbach Weichen eingebaut worden. Das von hier zum "Ostlager" verlegte Gleis ermöglichte den direkten Bahnanschluß. Zug auf Zug rollte in die Heeresmunitionsanstalt, andere verließen sie in Richtung Westfront. Bis zum 25. Februar 1945. An diesem Tag signalisierten mehrere Kilometer hohe, in den Himmel ragende Staub- und Aschewolken das Ende der Heeresmunitionsanstalt Siegelsbach.

Gebäudereste auf dem Gelände der ehemaligen Heeresmunitionsanstalt Siegelsbach, Aufnahme vom April 1998.

8.April 1998. In luftiger Höhe wird das Raketenteil aus dem Astgewirr der Buche herausgeschnitten.

Die Autodrehleiter aus dem AUTO+TECHNIK MUSEUM in Sinsheim leistet bei der Bergungsaktion wertvolle Hilfe.

Bei dem Fundstück handelt es sich um den Düsenrand des Raketentriebwerkes der A-4 (Vergeltungswaffe 2) mit den teilweise umgebogenen Anschlußstücken für die Kühlleitungen.

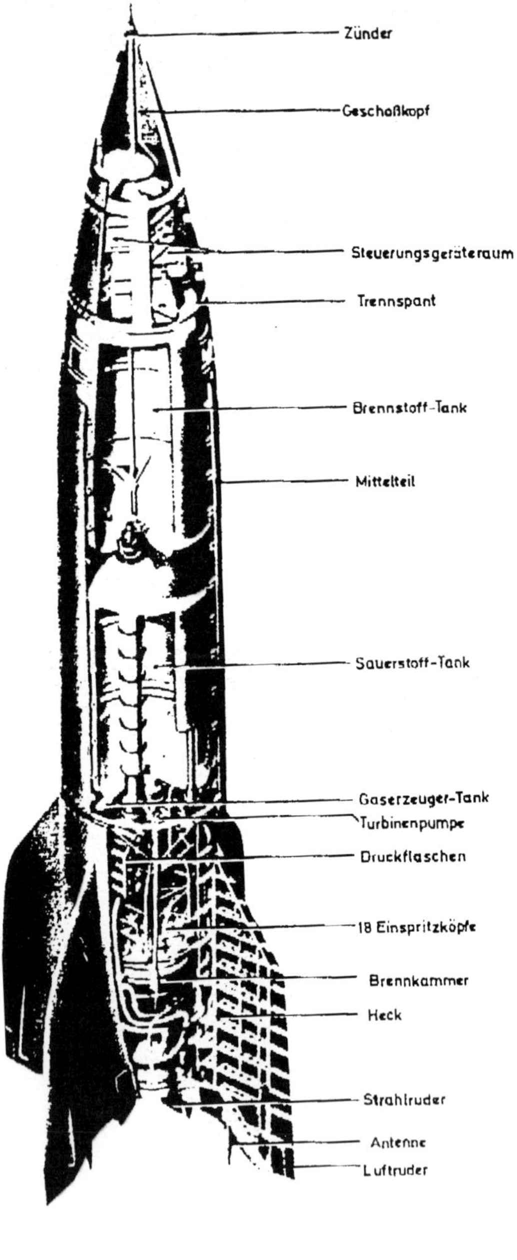

Schnitt-darstellung einer Vergeltungswaffe 2

Als Ausstellungsstück der Militärabteilung im AUTO+TECHNIK MUSEUM in Sinsheim.

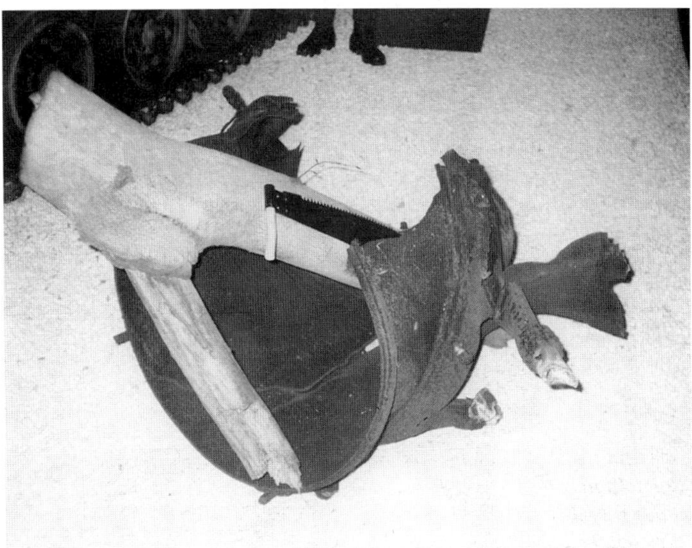

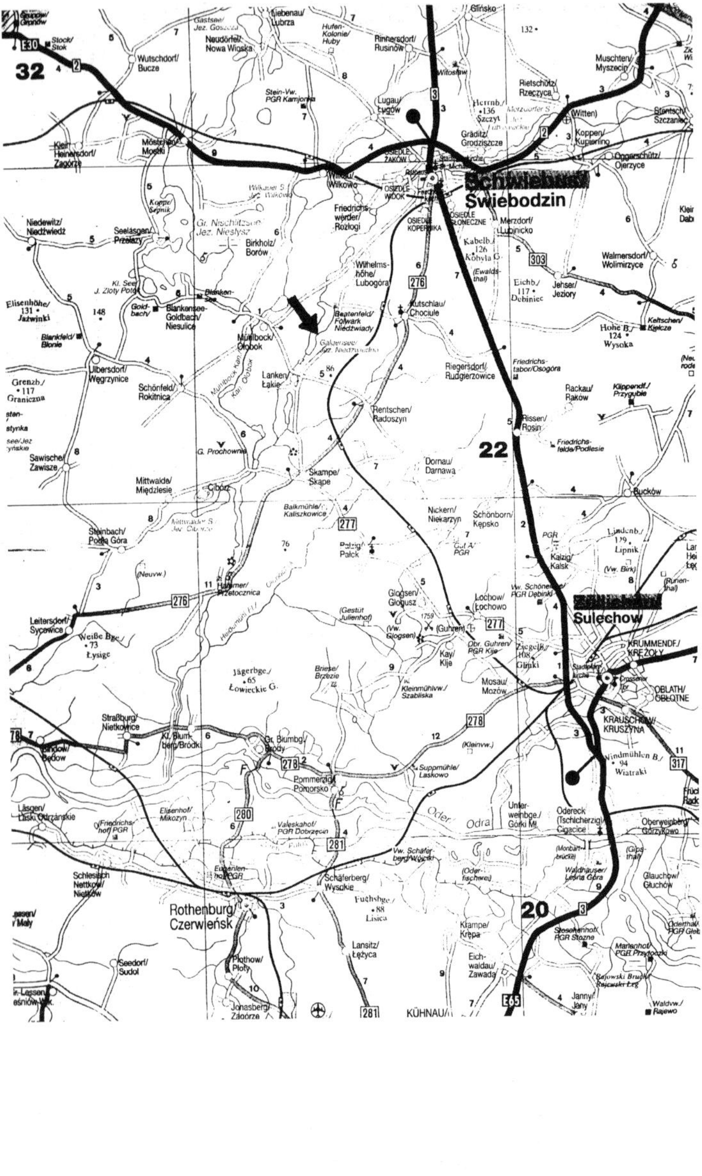

Świebodzin
Sulechow
Rothenburg/
Czerwieńsk
32
22
20
E30
E65
Wutschdorf/
Bucze
Neudörfel/
Nowa Wioska
Liebenau/
Lubrza
Rinnersdorf/
Rusinów
Lugau/
Ługów
Witosław
Rietschütz/
Rzęczyca
Muschten/
Myszęcin
Gräditz/
Grodziszcze
Koppen/
Kupienino
Oggerschütz/
Ojerzyce
Möstchen/
Mostki
Klein-
Heinersdorf/
Zagórze
Wilkau/
Wilkowo
Friedrichs-
werder/
Rozłogi
Merzdorf/
Lubinicko
Niedewitz/
Niedźwiedź
Seelägen/
Przełazy
Birkholz/
Borów
Wilhelms-
höhe/
Lubogóra
Kutschlau/
Chociule
Walmersdorf/
Wolimirzyce
Jehser/
Jeziory
Blankensee-
Goldbach/
Niesulice
Müllbock/
Ołobok
Ulbersdorf/
Węgrzynice
Schönfeld/
Rokitnica
Lanken/
Łąkie
Rentschen/
Radoszyn
Riegersdorf/
Rudgierzowice
Rackau/
Raków
Rissen/
Rosin
Sawische/
Zawisze
G. Prochownia
Skampe/
Skąpe
Dornau/
Darnawa
Mittwalde/
Międzlesie
Bucków
Steinbach/
Podła Góra
Nickern/
Niekarzyn
Schönborn/
Kępsko
Palzig/
Pałck
Kalzig/
Kalsk
Lindenb./
129
Lipnik
Hammer/
Przetocznica
Leitersdorf/
Sycowice
Glogsen/
Głogusz
Lochow/
Łochowo
Kay/
Kije
KRUMMENDF./
KRĘŻOŁY
Jägerbge./
65
Łowieckie G.
Mosau/
Mozów
OBLATH/
OBŁOTNE
Straßburg/
Nietkowice
Gr. Blumbg./
Brody
KRAUSCHOW/
KRUSZYNA
Windmühlen B./
94
Wiatraki
Pommerzig/
Pomorsko
Oder
Odra
Unter-
weinbge./
Górki Ml.
Odereck
(Tschicherzig)/
Cigacice
Oberweinberg/
Górzykowo
Schäferberg/
Wysokie
Fuchsbge./
88
Lisica
Krampe/
Krępa
Glauchow/
Głuchów
Lansitz/
Łężyca
Eich-
waldau/
Zawada
Seedorf/
Sudoł
Plothow/
Płoty
Jonasberg/
Zagórze
KÜHNAU/
Janny/
Jany

Bergung eines Sturmgeschützes Ende November 1998 im Gebiet südwestlich von Schwiebus (Swiebodzin)

Am 28. und 29. November 1998 gelang einer Gruppe polnischer Hobbyhistoriker und Freunden der Militärtechnik die Bergung einer gepanzerten Selbstfahrlafette für Sturmgeschütz 7,5-cm-Kanone 40, Ausführung G (Sd.Kfz.142/1) aus dem Galgensee (Niedzwiedno). Wie war es zu der Bergungsaktion an dem schmalen, zwischen den beiden Ortschaften Beatenfeld (Folwerk Niedzwiady) und Lanken (Lakie), südwestlich von Schwiebus (Swiebodzin) gelegenen Gewässer gekommen? Die ersten Angaben über das Vorhandensein eines deutschen Panzerfahrzeuges aus der Zeit des Zweiten Weltkrieges auf dem Grund des See's kamen von einem ortsansässigen Angler. Es galt zunächst, weitere Einzelheiten zu ermitteln. Im Verlaufe eines Tauchgangs konnte die Fundstelle an einem Uferabschnitt mit besonders steiler Böschung lokalisiert werden. Bereits zu diesem frühen Zeitpunkt wurden am Panzergehäuse schwere Beschädigungen festgestellt. Im Schlamm lagen mehrere große Teile. Das minderte den Wert des Fundes, erleichterte aber auch die Bergung, für die voraussichtlich nur ein Bagger bereitstehen würde.

Ende November 1998 waren alle vorbereiteten Arbeiten abgeschlossen. Im Verlaufe der zweitägigen Bergungsaktion gelang es, das Fahrgestell mit dem Fahrwerk, den Panzeraufbau, die 7,5-cm-Sturmkanone 40 sowie die beiden Gleisketten zu bergen. Bei dem Fahrwerk handelte es sich bereits um die spätere Ausführung, zu deren Kennzeichen Stützrollen mit Stahllaufflächen gehörten. Die Sturmkanone war mit der gegossenen ("Saukopf"-) Blende versehen. Der Motorraum zeigte starke Schäden, die von einer Sprengung herrührten, der Aufbau war abgerissen. Im Innern des Fahrzeuges lagen Werkzeug, Munition und Munitionsteile. Bemerkenswert, das Schaltbrett des Sturmgeschützverfahrens, einschließlich des Anlaß-Druckschalters war noch vorhanden. Der Kilometerzähler im Geschwindigkeitsanzeiger ließ sich ablesen. Ganze acht Fahrkilometer wurden angezeigt. Eine unglaubliche Entdeckung, deren Richtigkeit im Verlaufe der weiteren Untersuchungen mehrfache Bestätigung gefunden hat. Die geringen Fahrleistungen des Sturmgeschützes konnte unter anderem an dem sehr guten Erhaltungszustand der Hartgummibandagen der Laufrollen analysiert werden. Sie zeigten keine der sonst üblichen und sehr auffälligen Verschleißspuren, die sich nach mehreren hundert gefahrenen Kilometern einstellten. Was war die Ursache für den extrem kurzen Nutzungszeitraum dieses doch sehr aufwendigen und teuren Panzerfahrzeuges? Immerhin belief sich der Herstellungspreis auf 82.500,- Reichsmark. Die Ursache für den frühzeiti-

Der Anmarschweg zum Galgensee(Niedzwiedno).

Zum Herausziehen der von Tauchern georteten Einzelteile des Sturmgeschützes mußte der Bagger ganz dicht an das Seeufer herangefahren werden,

Erneut gehen Taucher in das Gewässer. Diesmal wird das Fahrgestell des Sturmgeschützes für die Bergung vorbereitet.

Ein erster vergeblicher Versuch,

gen Ausfall des Sturmgeschützes konnte bald gefunden werden: eine abgerissene Kardanwelle. Sie war, so wie der Schaden sich darstellte, nicht das Ergebnis der zur Unbrauchbarmachung im Motorraum durchgeführten Sprengung. Es liegt vielmehr die Vermutung nahe, daß die Aufgabe des Sturmgeschützes durch seine Besatzung zu den Folgen gezielter Sabotage an der Antriebsanlage gehörte. Ob das bereits im Herstellerwerk, auf dem Weg zur Front oder an der Front selbst erfolgte, kann heute nicht mehr nachvollzogen werden. Anfang Januar 1945 waren die deutschen Truppen westlich der Oder erheblich verstärkt worden. Ihre Lage verschlechterte sich sehr bald. Am 12. Januar 1945 begann die Rote Armee ihre Weichsel-Oder-Angriffsoperation, in deren Verlauf sie die Oder erreichte. In dieser Situation blieb der Sturmgeschützbesatzung gar nichts anderes übrig, als ihr Fahrzeug in der beschriebenen Art und Weise unbrauchbar zu machen. Eine andere bemerkenswerte Entdeckung scheint diese Hypothese zu bestätigen. Als das Sturmgeschütz die steile Böschung zum Galgensee (Niedzwiedno) hinunter geschoben worden war, hat sich die Bugpanzerung der Wanne in den weichen Uferschlamm gebohrt. Diese aus verrotteten organischen Stoffen gebildete Schicht zeichnet sich durch Sauerstoffarmut aus und bewirkte die Konservierung des sandgelben Anstrichs großer Teile der Bugpanzerplatte. Es zeigte sich eine weitere Überraschung: Auf diesem vorzüglich erhaltenen Teil des Panzergehäuses stand lesbar mit Fettstift geschrieben: "27.12. Schwiebus". Vermutlich handelt es sich hierbei um

Am Morgen des folgenden Tages gelingt das Vorhaben. Die linke Seite der Sturmgeschützwanne (mit geöffneter Fahrerluke) ragt bereits aus dem Wasser.

Mit einem Wasserschlauch wird der Schlamm aus der Wanne des Sturmgeschützes gespült. Beachte die seitlich abklappbare Rohrstütze, die Stützrollen mit Stahllaufflächen und die gut erhaltenen Gummibandagen der Laufrollen.

einen der üblichen Transportvermerke der Deutschen Reichsbahn. Würde das zutreffen, könnte man davon ausgehen, daß das Sturmgeschütz um den 27. Dezember 1944 herum auf dem Bahnhof in Schwiebus eingetroffen und verladen worden ist. Das wäre dann eine weitere Bestätigung des vergleichsweise kurzen Werdegangs dieses Sturmgeschützes.
Über die Zuordnung des Sturmgeschützes zu einer Truppengliederung der Deutschen Wehrmacht oder der Waffen-SS können beim gegenwärtigen Stand der Nachforschungen ebenfalls nur Vermutungen angestellt werden. Bekannt ist, daß während der Kämpfe im Januar 1945 Teile der Sturmgeschütz-Lehrbrigade 111 im Raum Meseritz (Miedzyrzecz) und Schwiebus (Swiebodzin) disloziert waren. Der Verband verlor hier alle Sturmgeschütze. Überlebenden der Kampf- und der Stabsbatterien gelang es, sich nach Frankfurt/Oder und Guben durchzuschlagen.
Wie bereits bemerkt, kann eine exakte Zuordnung derzeit noch nicht vorgenommen werden. Sturmgeschütze gehörten seit 1943 auch zur Ausstattung der Panzerjägerabteilungen in den Infanteriedivisionen. Eine Panzerjägerabteilung verfügte in der Regel über eine Kompanie Sturmgeschütze. Vielleicht gehörte das aus dem Galgensee (Niedzwiedno) geborgene Sturmgeschütz zu einer solchen Einheit. Die Nachforschungen in dieser Sache stehen erst am Anfang. Auftakt dafür war die Bergungsaktion vom 28. und 29. November 1998.

An der Unterseite des Wannenbuges ist der gelbe Farbanstrich des Sturmgeschützes erhalten geblieben. Der im Uferbereich vorhandene Faulschlamm hatte in diesem Bereich die Korrossion erheblich verzögert.

Die Gleiskette des Sturmgeschützes wird aus dem Galgensee (Niedzwiedno) gezogen.

Am 15. Februar 1986 war aus der Alten Oder bei Gottesgabe (unweit von Wriezen) das Fahrgestell eines Sturmgeschützes III geborgen worden, das einen ähnlichen Erhaltungszustand aufwies.

Abschlußausführung des 8-cm-Granatwerfer 34 mit runder Bodenplatte. Der Werfer war im Juni 1989 im Waldgebiet links der Straße Halbe nach Märkisch-Buchholz zusammen mit dem Richtaufsatz 35 und diversem Zubehör gefunden worden.

Über den Quellenwert militärhistorischer Sachzeugen

Inschriften, Markenzeichen der Hersteller, Codierungen, amtlich vorgeschriebene Prüf- und Bauartzeichen, Waffen-, Fahrgestell-, Geräte- oder Teilenummern sowie das Herstellungsjahr sind auf historischen Wehrgerät aller Art und Größe zu finden. Gelegentlich kommen noch eingeschlagene oder aufschablonierte Bedienungshinweise hinzu. Alle zusammen betrachtet bilden ein System, das Angehörigen der Streitkräfte früher wie heute gestattet, dieses Material unverwechselbar zu identifizieren. Das war für seine ordnungsgemäße Verwaltung, für die richtige Nutzung, aber auch für die Instandhaltung von großer Bedeutung. In Fällen, wo herstellerseitig begründete Qualitätsmängel die Nutzung von Wehrgerät einschränkte, oder gar Material- und Personenschäden zur Folge hatte, bot das eingangs beschriebene System der Kennzeichnung den staatlichen Beschaffungsstellen die Möglichkeit von den Vertragspartnern in der Rüstungsindustrie die Beseitigung der Schadensursachen, möglicherweise auch Schadenersatz zu fordern.

Die Anbringung der verschiedenen Kennzeichen wurde durch besondere Verordnungen geregelt. Sie hatten:

1. eine auf die Herstellerfirma oder die Wirtschaftsbranche begrenzte Bedeutung (zum Beispiel Warenzeichen);
2. nur Gültigkeit innerhalb der Streitkräfte (zum Beispiel Abnahmestempel und codiert Herstellerkennzeichen);
3. eine sicherheitsrelevante Bedeutung, und zwar dann, wenn mit Prüf- oder Bauartzeichen ganz bestimmte qualitative Merkmale bescheinigt wurden (zum Beispiel Beschußmarken).

Spezifisch militärische Kennzeichen an Fahrzeugen, Gerät, Lederzeug, Waffen und Munition gibt es, seitdem in den meisten Staaten stehende Heere unterhalten werden. Das System der Kennzeichnung zeigte von alters her in den Streitkräften unterschiedliche qualitative und quantitative Merkmale. In Deutschland hat es während des Zweiten Weltkrieges eine besondere Ausprägung erfahren. Charakteristisch ist, daß dieses System im Laufe seiner Nutzung verfeinert worden ist, und zwar in dem Maße wie Wehrgerät in seinem Aufbau komplizierter wurde, seine Vielfalt und der massenhafte Verbrauch das Bild der Streitkräfte zu prägen begann. Es liegt auf der Hand, alle eingeschlagenen, eingravierten, eingeätzten oder aufschablonierten Kennzeichen können heute zur Bestimmung unverwechselbarer Merkmale der in den Sammlungen von Museen befindliche militärhistorischen Sachzeugen genutzt werden. Eine besondere Art und Weise nach Spuren der Geschichte zu suchen, die wertvolle Ergebnisse zeigt, aber auch ihre Grenzen hat. Letztere werden bestimmt:

1. durch den Erhaltungszustand des überlieferten originalen Sachzeugen. Das kann insbesondere bei Bodenfunden zu Problemen führen. Fehlinforma-

tionen und dem entsprechende Fehlinterpretationen sind nicht auszuschließen;
2. durch das Vorhandensein und die Nutzung von Archivunterlagen mit Aussagen über die in einem konkreten historischen Zeitraum verwendeten Kennzeichen;
3. durch ein gewisses Maß an Erfahrungen bei der Bestimmung von zu Museumsgut gewordenem historischen Wehrgerät.
Bei der Auswahl des Schwerpunktthemas für diesen Band der Taschenbuchreihe "Spurensuche" machte es sich aus ganz pragmatischen Gründen notwendig, in der Darstellung von Beispielen die Kunst der Beschränkung zu üben. Die Entscheidung fiel zugunsten von Teilgebieten der deutschen Rüstungsproduktion zwischen 1940 und 1945, insbesondere den in diesem Zeitraum vergebenen Fertigungskennzeichen. Dafür sind zirka 1600 originale Sachzeugen untersucht worden.
Ganz bewußt wurde für den zeitlichen Einstieg das Jahr 1940 gewählt. Im November dieses Jahres hatte das Oberkommando des Heeres (Chef der Heeresrüstung und Befehlshaber des Ersatzheeres) Heereswaffenamt Wa Z 2 begonnen die Liste der Fertigungskennzeichen für Waffen, Munition und Gerät zusammenzustellen. Die erste Buchstabengruppe ging von aaa bis azz. Weitere Listen mit dreistelligen Buchstabengruppen (bis ozz), aber auch mit ein- bzw. zweistelligen Buchstabenkombinationen folgten bis zum Oktober 1944. Sie lösten die bis dahin für Wehrgerät nicht einheitlich geregelte Kennzeichnung ab. Es hatte sich dabei um ältere Codierungssysteme und Waren- bzw. Fabrikzeichen gehandelt. Waren- und Fabrikzeichen (Schutzmarken) erfüllten die Aufgabe die Produkte eines Unternehmens

Die Geschoßhülle einer 15-cm-Infanteriegranate 38 für das schwere Infanteriegeschütz 33. Schwach erkennbar ist die Codierung cxr, die für den Hersteller, die Berlin-Seegefelder Industrie A,-G., Falkensee bei Berlin steht.

Die Maschinenpistole 44. Als Hersteller konnten unter anderem die Firmen Günter Wagner aus Hannover (Codierung af) und die Mundlos Aktiengesellschaft Nähmaschinenfabrik Magdeburg (Codierung ab) festgestellt werden.

Ein Panzerbeobachtungs-Winkelfernrohr 9, Hersteller war die Emil Busch A.-G., Optische Industrie in Rathenow (Codierung cxn)

Packgefäß für Gewehrsprenggranaten. Die Codierung gsy steht für Horrer, Franz, Holz- und Korbwarenfabrik, Bergreichenstein.

Der Deckel eines Packgefäßes für vier Propagandagranaten 41. Auf dem Packzettel ist als Hersteller für den Verzögerungszünder (23 sek) die Firma Kabelwerk Krakau A.-G. in Krakau angegeben.

von denen anderer Hersteller zu unterscheiden. Sie garantierten die Herkunft, eine bestimmte daran gebundene Qualität und hatten zugleich eine Werbefunktion. Als solche gelangten sie sogar in die Waffen- und Gerätenachweise der Truppe. Nun mußten die Waren- und Fabrikzeichen (Schutzmarken) aus Gründen der Geheimhaltung den anonymen Buchstabenkombinationen weichen. Interessant: Bei Hartgummibandagen für Panzerlauf- und Geschützräder wurden Waren- und Fabrikzeichen (Schutzmarken) teilweise weitergeführt. Gleiches gilt für Schutzmasken und Preßstoffartikel. Das ab 1940 eingeführte Codierungssystem erlaubte die eindeutige Zuordnung von Wehrgerät aller Art zu bestimmten Herstellern. Da die Liste der Fertigungskennzeichen nur unvollständig veröffentlicht wurde, die ein- und zweistelligen Codierungen erhebliche Lücken zeigen, ergeben sich heute, nach so langer Zeit, einige Probleme bei einer durchgängigen Zuordnung von Rüstungsmaterial und Codierungen. Bekannt ist, daß dreistellige Buchstabenkombinationen über ozz hinaus vergeben worden sind. Das konnte erneut bei der dieser Darstellung zugrunde gelegten Untersuchung nachgewiesen werden. Für Verunsicherung sorgen weiterhin Schreibfehler und Fehler bei der Vergabe von Codierungen. Darauf weist auch Hans Seeger in seiner Arbeit über militärische Ferngläser und Fernrohre hin. Ein einheitliches Prinzip ist ohnehin nicht nachvollziehbar. Es sind weder branchentypische noch geographische Zusammenhänge erkennbar. Da steht die Freitaler Stahlindustrie G.m.b.H aus Freital in Sachsen (czw) neben der "Rheta" Rhein. Transportanlagen Ges. Herm. Schäuble & Co. aus Mannheim-Rheinau (czx), in unmittelbarer Nachbarschaft zur Lederfabrik Carl Freudenberg aus Weinheim an der Bergstraße (czz).

Trotzdem macht die Nutzung der Liste der Fertigungskennzeichen bei der Bestimmung von historischem Wehrgerät Sinn. So können Erkenntnisse über Rüstungsstandorte und Fertigungsprofile gewonnen und sichtbar gemacht werden. Natürlich ist es so, daß dazu Angaben in den 1944, im Auftrag des Reichsministers für Rüstung und Kriegsproduktion erstellten Datenblättern für Heereswaffen, Fahrzeuge und Gerät zu finden sind. Was ist mit den vielen anderen Produkten der Rüstungsindustrie? Nur lückenhafte Angaben gibt es über die Endfertigung und Zulieferbetriebe für Granatkörper, Zünder, Patronen- und Kartuschenhülsen, optisches Gerät, Luftschutzgerät, Ausrüstungen und Werkzeug, Verpackungen und Vieles andere mehr. Archivalien dazu liegen nur fragmentarisch vor. Sie sind durch Kriegseinwirkung oder als Beute der Siegermächte verloren gegangen. Die Unternehmen gibt es nicht mehr, teilweise verweigern sie die Einsicht in die Werksarchive. Tausend Gründe, die heute den Aufwand lohnen, die mittlerweile in Museen und privaten Sammlungen gelandeten Hinterlassenschaften zu untersuchen und so einen Teil der verlorengegangenen Informationen zurückzugewinnen.

Natürlich darf die Bedeutung der so gewonnenen Erkenntnisse nicht überbewertet werden. Die 1600 bisher untersuchten originalen Sachzeugen verkörpern nur einen lächerlich geringen Anteil an der Produktionspalette der deutschen Rüstungsindustrie während des Zweiten Weltkrieges. Das zeigen einige Beispiele recht deutlich. So bestand allein das Flugwerk des Jagdflugzeuges Me-109 F aus 16200 Einzelteilen. Mit dem 1475-PS starken Daimler-Benz DB-605-Motor kamen weitere 8420 hinzu; 218 waren es für den Propeller. Die ballistische Rakete A-4 (Vergeltungswaffe 2) des Heeres setzte sich aus rund 20000 Einzelteilen zusammen. Eine große Zahl kam von unterschiedlichen Herstellern, fast alle zeigten dementsprechende Codierungen.

Welche konkrete Bedeutung können die bei der Dechiffrierung von Fertigungskennzeichen gewonnenen Informationen für die Militärgeschichte, für die Wirtschaftsgeschichte aber auch Forschungen auf dem Gebiet der Regionalgeschichte erlangen?

1. Man kann sich eine Vorstellung von der Vielfalt der Rüstungsproduktion verschaffen. Damit im Zusammenhang ist die in ihrer Dimension wohl einzigartige Durchdringung aller Bereiche der Volkswirtschaft im Kriegsverlauf zu sehen.

T-Minenzünder 35 und verschiedene Formen des Druckzünder 35. Als Codierungen konnten u.a. die Buchstabenkombination rom (?) und e (=Hermann Kohler A.G., Nähmaschinenfabrik Altenburg / Thüringen) festgestellt werden.

Diese Laufrolle gehörte zu einem Jagdpanzer IV/70, dessen Reste am 15. Januar 1994 am Ufer der Müglitz bei Bärenstein geborgen wurden. Auf der Gummibandage sind die Maße (470/90-359) und die Codierung für den Hersteller mwu (=Deutsche Dunlop Gummi-Companie AG, Hanau/Main) zu erkennen.

Die hier gezeigte Laufrolle (75x305/415 DG) läßt sich nicht eindeutig zuordnen. Der Name des Herstellers, der Firma Vorwerk, ist erhaben auf die Gummibandage aufgeprägt.

z	Gericke, Herbert, Feuerwerkskörperfabrik, Bernau b/Berlin, Schließfach 5
:a	Fischer G.m.b.H., Oskar, Feuerwerkskörperfabr., Markdorf/Baden
:b	Bock, Gebr., Pyrotechn. Fabrik, Berlin-Buchholz, Schönerlinder Chaussee 5
:c	Pyrotechnische Fabrik, Oskar Lünig, Spezialfabrik für Kunstfeuerwerke, Möhringen(Fildern)
cd	Lippold, Carl, Pyrotechn. Fabrik, Wuppertal-Elberfeld, Neue Fuhrstr. 19
ce	Kyser & Co., Pyrotechn. Fabrik, Pojkowice/Protektorat
cf	Nicolaus & Co., H., Feuerwerkskörperfabrik, Meiningen/Thür., Horst Wesselstr. 17
cg	Brüggemann K.-G., C. u. M., Mechan. Werkstätte, Hann. Münden
ch	Vereinigte Seidenwarenfabriken, Gebr. Schiel A.-G., Römerstadt,
cj	Schnetter K.-G., Max Mengersgereuth-Hämmern
ck	Schmitz & Apelt, Dr., Jndustrieofenbau, Wuppertal-Langenfeld, Clausewitzerstr. 82-84
cl	Maschinenbau Scholz K.-G., Burgsteinfurt/Westf.,
cm	"Webo"Gemeinschaft Westdeutscher Bohrmaschinenfabriken G.m.b.H., Erkrath b. Düsseldorf

Eine Seite aus der Liste der Fertigungskennzeichen.

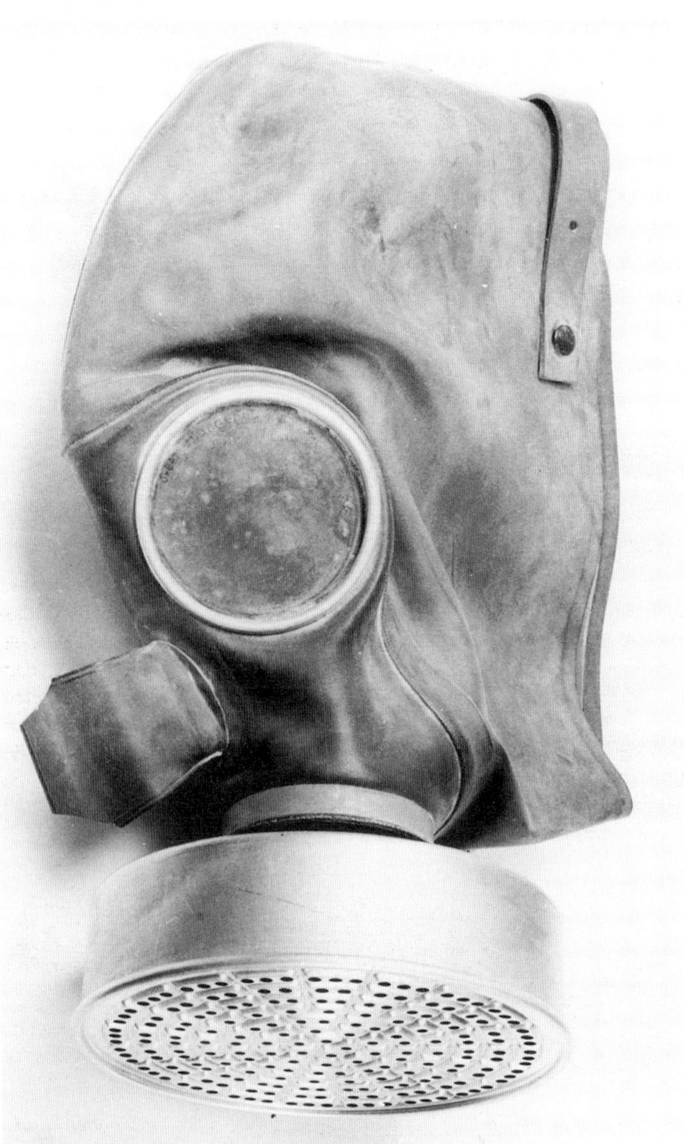

Eine Volksgasmaske 37. Als Hersteller traten unter anderem die Honsel Werke A.-G. in Meschede in Erscheinung (Codierung btc).

Packgefäß für Glasminenkörper. Ein Teil der untersuchten Glasminenkörper (hergestellt ab 1944) war mit der Codierung tgv (= ?) versehen. Auf anderen Minenkörpern konnten keine derartigen Kennzeichen gefunden werden.

2. Nachgewiesen werden kann mit Hilfe der über die Produkte ermittelten Rüstungsstandorte die historisch gewachsene Struktur der deutschen Volkswirtschaft. So ist der Flugzeugbau, einschließlich der Zulieferindustrie stärker in den östlichen Teilen Deutschlands konzentriert gewesen. Gleiches gilt für die optische und elektrotechnische Industrie. Besonders interessante Aspekte zeigte die Untersuchung in Hinsicht auf den Rüstungsstandort Reichshauptstadt Berlin. Hier wurden nicht nur Sturmgeschütze und anderes Großgerät montiert, hier sind viele der zahllosen kleinen Teile hergestellt worden, ohne deren Vorhandensein diese Schwerpunktwaffen auf Dauer nicht funktionieren konnten.

Treibladungen für die 8,8-cm-Kampfwagenkanone 43 L/71 (oben) und für die 7,5-cm-Kampfwagenkanone 37 L/24 (einschließlich der Abarten). Die Leinenbeutel zeigen eine Vielzahl von Informationen zur Einordnung des Treibladungspulvers.

Das Rohr eines 7,5-cm-Leichtgeschützes 40 ist zusammen mit Teilen der Lafette und dem Richtaufsatz im Nordosten des Landes Brandenburg gefunden worden. Es hat die Nummer 202 und ist vermutlich im Frühjahr 1942 bei der Rheinmetall-Borsig AG, Werk Düsseldorf, Ulmenstraße 125 zur Auslieferung gekommen (Codierung bwo).

Diese Bilder zeigen den erstaunlich guten Erhaltungszustand des Bodenfundes (im Bild oben, rechts die Oberlafette). Alle Einzelteile sind mit der Codierung bwo und dem Abnahmestempel des Heereswaffenamtes versehen.

3. Interessant ist es auch, die Verteilung der Fertigungsstandorte für ganz bestimmte Rüstungsprodukte, zum Beispiel Artillerie- oder Bombenzünder, zu vergleichen. Infolge von Auswirkungen der alliierten Luftkriegsführung wurde die Produktion in diesen Standorten beeinträchtigt und mußte verlagert werden. Ähnliches passierte zum Ende des Krieges, als die in das Zentrum des Deutschen Reiches drängenden alliierten Streitkräfte zahlreiche Fertigungsstandorte erobern konnten. Sicher, es gelang dem Reichsministerium für Rüstung und Kriegsproduktion im Rahmen von Notprogrammen und unter Inanspruchnahme vorhandener Lagerbestände die Rüstungsfertigung im Februar und März 1945 noch einmal anzukurbeln. Die Fertigungszahlen stiegen kurzzeitig an. Doch im April des Jahres hatte sich die militärische Lage nicht gewandelt, die verloren gegangenen Fertigungsstandorte blieben im gegnerischen Besitz. Auf Dauer konnten so komplizierte Strukturen wie die Rüstungsindustrie und die Streitkräfte nicht von Aushilfen am Leben gehalten werden. Der Krieg war auch aus dieser Sicht verloren. Wie eingangs bemerkt, ist es interessant diese Entwicklung in Teilbereichen anschaulich belegen zu können.

4. Interessante Veränderungen können weiterhin bei den Fertigungsprofilen derjenigen Unternehmen festgestellt werden, die kriegsbedingt an der Produktion von Wehrgerät beteiligt wurden. Veränderungen ergaben sich auch

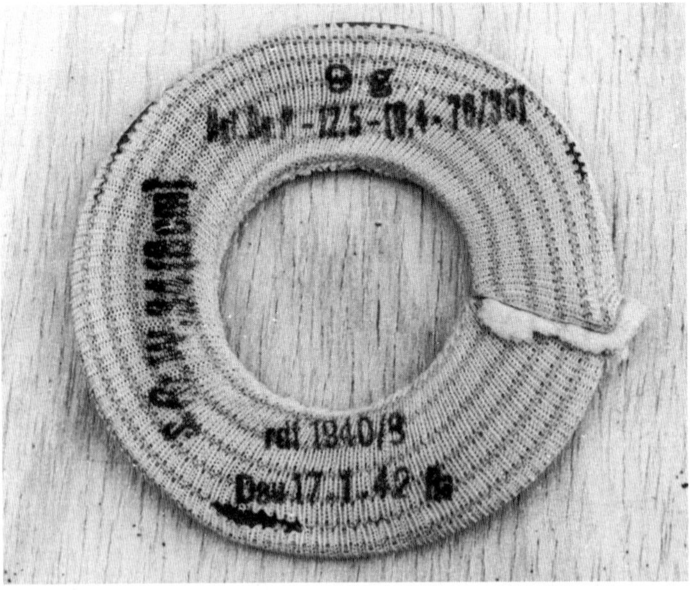

Treibladung für den 8-cm-Granatwerfer 34 vom 17. Januar 1942, auch hier sind Angaben zum Treibladungspulver aufgedruckt.

Eine 10,5-cm-leichte Feldhaubitze 18/40. Diese Aufnahme entstand im Juli 1998 in Colmar. Der Verschluß des Geschützes ist mit der Codierung dvu (= Schichau G.m.b.H., F. Schiffswerft, Maschinen- u. Lokomotivenfabrik, Elbing) versehen.

in punkto Standortverteilung. Das alles berührt aber schon einen weiteren Komplex von Problemen, auf die im nächsten Abschnitt eingegangen werden soll.

5. Während des Krieges ergaben sich in allen Bereichen der Volkswirtschaft qualitative Veränderungen. Das betraf im besonderen Maße das Handwerk, welches sich, oberflächlich betrachtet, nur sehr schwer in Rüstung und Kriegsproduktion einbinden ließ. Das dem nicht so war, zeigte die im April 1942 vom Oktoberkommando der Wehrmacht/Stab Wehrwirtschafts- und Rüstungsamt erarbeitete Studie über das Handwerk im Krieg. Vorteile waren die hohe Flexibilität, der geringe Bedarf an arbeitsunterstützenden Maschinen, die bereits Streulage und die Möglichkeit zusätzliche Arbeitskräfte für die Rüstung zu gewinnen. Ganz folgerichtig gewannen Handwerksbetriebe nicht unerhebliche Anteile an der Rüstungsproduktion. Das belegen die zahlreich untersuchten Munitionspackgefäße aus Holz, die Minenkörper aus nichtmetallischen Werkstoffen und die Heeresschlitten, Heeresfeldwagen, Ersatzfeld- und Panjewagen.

Einige Unternehmen erlebten während des Zweiten Weltkrieges einen nicht alltäglichen, fast kometenhaft zu nennenden Aufstieg. Typisch dafür ist die ursprünglich nur in Leipzig und Altenburg ansässige Hugo Schneider AG (HASAG), die im Firmenregister ganz bescheiden als Lampenfabrik geführt wurde. Das Fertigungsprofil, das allein an Hand originaler Sachzeugen

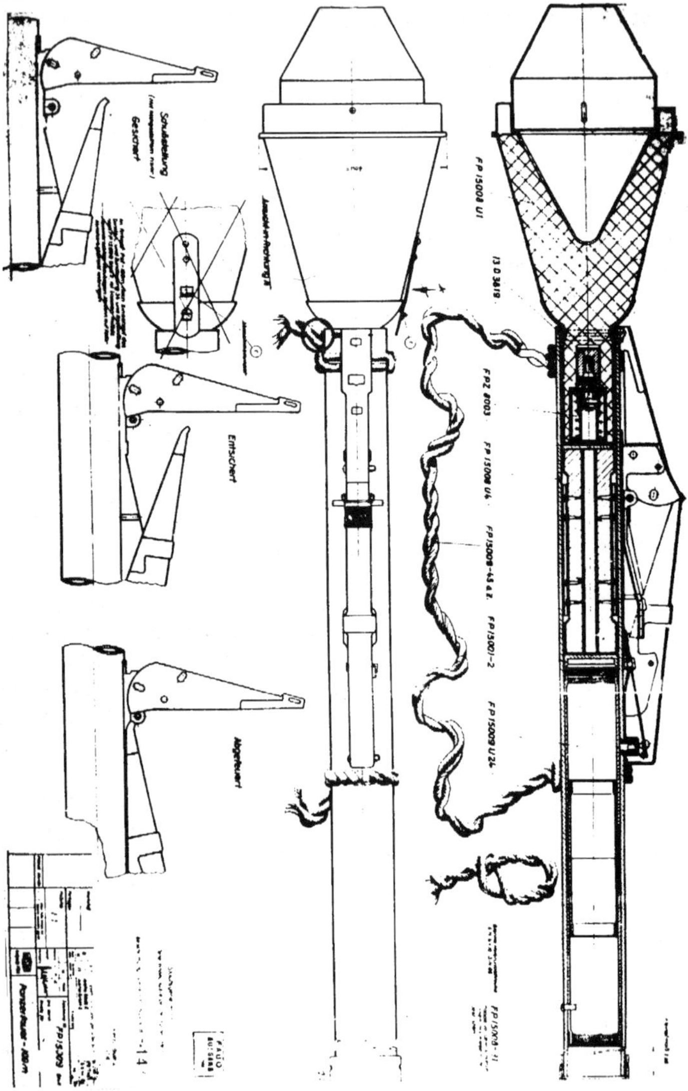

Technische Zeichnung mit der kompletten Darstellung einer Panzerfaust 100m.

ermittelt werden konnte, und keinen Anspruch auf Vollständigkeit erhebt, war beachtlich.

Standort Leipzig (Fertigungskennzeichen wa)
Patronenkasten 41 für 250 Patronen, 2-cm-Sprenggranaten, Aufschlagzünder 1552, Aufschlagzünder 49, Aufschlagzünder 5095, Patronenhülsen für das 2-cm-Maschinengewehr 151/20, Stielhandgranaten 24 (Töpfe);

Standort Köpenick (Fertigungskennzeichen wb)
Patronenhülsen für das 2-cm-Maschinengewehr 151/20;

Standort Meuselwitz/Thüringen (Fertigungskennzeichen wh)
Stielhandgranaten 24 (Töpfe);

Standort Altenburg (Fertigungskennzeichen wg)
Patronenhülsen 8 x 57, Patronenhülsen für das 13-mm-Maschinengewehr 131, Patronenhülsen für das 2-cm-Maschinengewehr 151/20, Patronenhülsen für das 2-cm-Maschinengewehr FF, Zündschrauben C/12 n.A, Zündschraube C/17 a.A.St., 13-mm-Sprenggranaten, 5-cm-Sprenggranaten L'Spur, Gewehrsprenggranaten, Magazine für 2-cm-Flugzeugabwehrkanonen 30 und 38;

Standort Eisenach/Thüringen (Fertigungskennzeichen wh)
Patronenhülsen 8 x 57;

Standort Schlieben (Fertigungskennzeichen wk)
Panzerfaust 30 m (groß);

Bekannt ist aus Akten, daß das Unternehmen mit der Entwicklung und Fertigung von Sprenggranaten und Minengeschossen für die Luftwaffe und die Kriegsmarine befaßt war. Der große Wurf gelang der HASAG in den Jahren 1942/43 mit der Entwicklung der Panzerfaust. Diese im Zweiten Weltkrieg wirksamste Panzerbekämpfungswaffe wurde ständig weiterentwickelt. Jahresproduktion 1944 5 662 000 Stück, davon allein im November über eine Million. Solche Zuwachsraten ließen sich in der, zu dieser Zeit schon von Krisen geschüttelten Rüstung nur unter Ausnutzung aller Ressourcen erreichen. In der Liste der Fertigungskennzeichen für Waffen, Munition und Gerät von 1944 sind insgesamt zehn Fertigungsstandorte für die ehemalige Lampenfabrik ausgewiesen (wa bis wk), darunter ein Werk im Kielce. In Schlieben bei Herzberg wurde unter Einsatz von Häftlingen aus Konzentrationslagern die Herstellung von Panzerfäusten betrieben. Eine der Panzerfaust ähnliche Waffe, die Luftfaust konnte von der HASAG bis zum Ende des Krieges fertig entwickelt werden, ging aber nicht mehr in Serienproduktion. Fundstücke zur Luftfaust 1 und Teile der Munition für die Luftfaust 2 konnten erst in jüngster Vergangenheit geborgen werden.

6. Wer kann sich heute vorstellen, welcher Aufwand betrieben werden mußte, um einen fertigen Schuß für die 2-cm-Flugzeugabwehrkanone 30 oder 38 herzustellen? Ein vergleichsweise einfaches und billiges Rüstungsprodukt, dessen Herstellungspreis mit etwa 4,- Reichsmark beziffert wurde. Dahinter stehen Aufwendungen für das Material, die Maschinen und das Perso-

Oberreste der Hugo Schneider A.-G., Werk Schlieben. Die Aufnahmen der verbunkerten Fertigungsanlagen entstanden im Oktober 1998.

nal. Erheblich war auch der organisatorische und verkehrstechnische Aufwand, der mit Hilfe der Fertigungskennzeichen nachvollzogen werden kann.

Fazit: Der verantwortungsvolle Umgang mit originalen Sachzeugen unserer Geschichte kann die Ergebnisse militär- und wirtschaftsgeschichtlicher Forschungsarbeit ergänzen und ermöglicht deren anschauliche Verbreitung. Es ist weiterhin möglich, in militärhistorischen Museen und Ausstellungen, die mit ihrer Anhäufung anonymen militärischen "Schrotts" vielfach auf Widerspruch stoßen, eine lebendige, ort- und ereignisbezogene Geschichtsdarstellung zu betreiben. Auf die Bedeutung dieser Tätigkeit für die Beseitigung von Kriegsaltlasten wurde an anderer Stelle bereits hingewiesen. Insgesamt gesehen stellt die gründliche Erforschung originaler Sachzeugen einen nicht zu unterschätzenden Beitrag, bei der Suche nach den Spuren unserer Geschichte dar.

Nach dem Zweiten Weltkrieg wurde Kriegsmaterial bzw. Teile davon für die Konsumgüterproduktion genutzt. So entstandene Gebrauchsgegenstände sind heute auf Trödelmärkten zu finden. Rechts im Bild (1)ein Kaffeebecher, hergestellt aus der ballistischen Haube einer Panzerfaust 100 m; in der Mitte(2),die ballistische Haube einer Panzerfaust 150 m, die zu einer Blumenvase umfunktioniert worden ist. Sie ist mit der Codierung kuw (=Stanz- und Emaillierwerk Hermann Schmidt & Sohn in Schwarzenberg-Neuwelt/Sachsen)versehen.

(Bild rechts) Fragment einer Luftfaust mit vier Abschußrohren. Hierbei handelte es sich um eine Ein-Mann-Waffe zur Tieffliegerbekämpfung, die Ende 1944 von der Hugo Schneider A.-G. in Leipzig entwickelt worden ist.

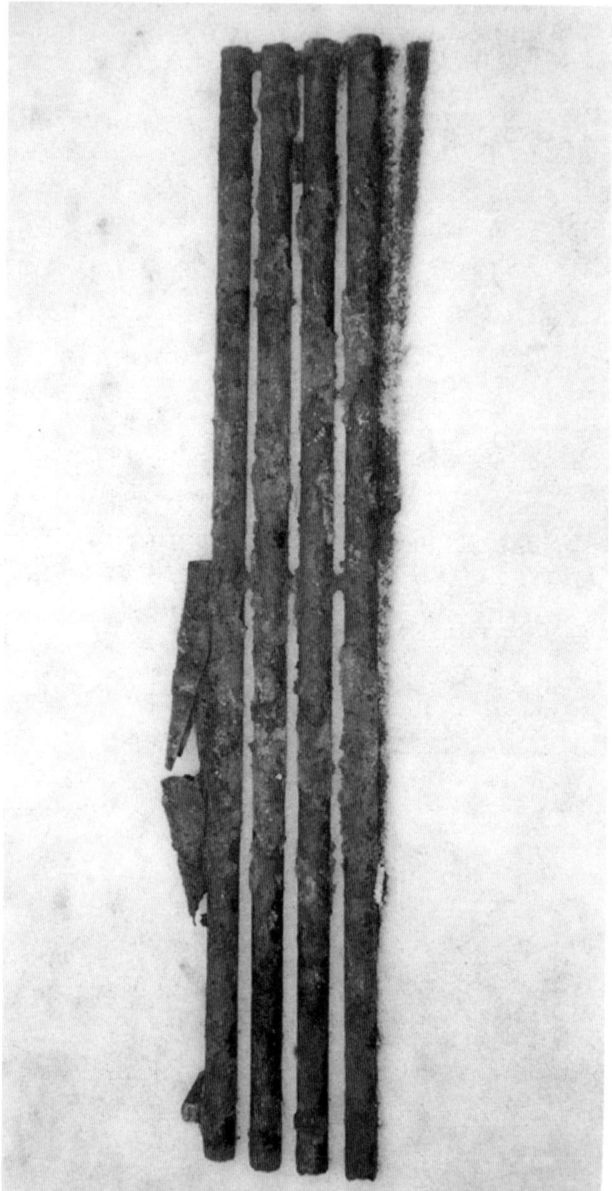

Bei der Entwicklung der Luftfaust nahmen die Entwicklungsingenieure der Hugo Schneider A.-G. konzeptionell und in technischer Hinsicht zunächst Anleihen, bei der bereits im Fronteinsatz bewährten Panzerfaust. Visiereinrichtung, Abzug und Sicherung des hier gezeigten frühen Entwicklungsmuster, das 1998 am Stadtrand von Leipzig, in einem Bombentrichter gefunden wurde, weisen darauf hin. Zum Verschuß kamen hochempfindlich bezünderte 2-cm-Geschosse, deren Stabilisierung im Flug ähnlich funktionierte, wie bei den Panzerfaust-Köpfen. Die Weiterentwicklung Luftfaust B (Fliegerfaust)verschoß drallstabilisierte 2-cm-Raketen (siehe Bild oben, nur Rakete).

peg 1944	Topfminenzünder (SF 1)		
pem	7,92-mm-Maschinengewehr 34		
pgh	Laufrad 900 / 80 - 780. Gummibandage		
phn	Zubehör fürVerschluß für 7,5-cm-Panzerjägerkanone 39		
pmt 1944	Patronenhülse 8 x 57		
ppc	13-mm-Maschinengewehr 131		
pvz 1943	Zwischenstück für Wurfgranatenzünder 50		
qal	Verschluß des 7,92-cm-Flugzeugmaschinengewehrs 15		
qfu	Aufschlagzünder 23 umg. 0.15		
qiw	Heeresschlitten Hs.1		
qlv	Magazin der Maschinenpistole 44		
qlw	Magazin für Maschinenpistole 44 WaA 892		
qlw	Magazin für Sturmgewehr 44		
qmr	Aushilfsverpackung für 8-cm-Wurfgranate 34 (aus Pappe)		
qnw	Karabiner 98 k (Magazinkasten) Nr. 2244		
qny	Stielhandgranate 24		
qox 1941	3,7-cm-Kopfzünder Zerleger Pv		
qvc	Karabiner 43, Nr. 3819, WaA 214		
qvl 1945	Panzerfaust 100 m, nur Kopf (aufschabloniert), WaA 59		
qyf	Elektrischer Aufschlagzünder (25) D		
qyf	Kopfzünder für Aggerat 4 (V-2)		
qzu	Aufschlagzünder (73)		
qzx	Richtaufsatz der Panzerabwehrkanone 40		
r	Elektrischer Zeitzünder (59)B		
rco 1944	Behälter (Blech) für Waffenreinigungsgerät		
rco 1944	Behälter (Blech) für Waffenreinigungsgerät		
rco 1944	Behälter (Blech) für Waffenreinigungsgerät		
rco 1945	Behälter (Blech) für Waffenreinigungsgerät		
rdf 1942	Übungssprengladung für 8,8-cm-Sprenggranate L/4.5 (Übw)		
rdf 1945	Sprengladung der 24-cm-Granate 42		
rdl 1945	Kartuschhülse 6359 St. für Gebirgsgeschütz 36, WaA 270		
rhs 1944	Kraftstoffkanister 20 Liter		
riz 1944	Aufschlagzünder 5097		
riz 1944	Aufschlagzünder 5097		
rln	Beobachtungsgerät		
rmp 1944	Kleinfunksprechgerät "d"		Straßfurter Rundfunk Gesellschaft mbH

rom 1944	T-Minenzünder 35 (Drückzünder DZ 35)		
rom 1944	T-Minenzünder		
rpn 1944	Kleinfunkgerät d		
rpo 1944	Infanteriekarren (Jf.) 8		
rrm 1945	Patronenhülse für 2-cm-Flugzeugabwehrkanone 38		
rrm 1945	Patronenhülse (Stahl) für 2-cm-Flugzeugabwehrkanone 30 und 38, WaA 271		
rrm 1945	Patronenhülse für 2-cm-Flugzeugabwehrkanone 30 und 38		
rtl 1940	Treibladung aus Nitrozellulose - Röhrenpulver für 2,8-cm-Granatpatrone		
rxu	Reifenzerstörermine Nr. 70, deutscher Nachbau		
rxu	Reifenzerstörermine Nr. 70, deutscher Nachbau		
scm 1944	Kartuschvorlagen für 12-cm-Granatwerfer 42 aus Nz.D Bl.		
scm 1944	Kartuschvorlagen für den12-cm-Granatwerfer 42		
shl 1943	Sternbündelpatrone (rot)		
sht 1943	Rauchzeichen (orange) 350		
svw 1945			
swp 1945	Karabiner 98 k Endfertigung		
tcz 1944	Flammenwerfer 41		
tgp	2-cm-Flugzeugmaschinengewehr 151/20		
tgv	Glasmine 43		
tgv	Glasminenkörper		
tgv	Glasminenkörper		
tgv	Glasminenkörper		
thl 1941	Geschützrad mit Bremstrommel und Hartgummifelge Maße 1050 x 320 mm		
tp 1944	Treibladung		
tpc	Kunststoffteile Luftwaffe		
umg	kleiner Aufschlagzünder 23 umg		
vmp 1941	5-cm-Panzergranate 40		
ada	Patronenkasten 41 für Maschinengewehr	Ahlen	Nahrath, Stephan, Ahlen Westfalen
ada 1943	Patronenkasten für Maschinengewehr 34	Ahlen	Nahrath, Stephan, Ahlen / Westfalen
e 1944	Druckzünder	Altenburg	Köhler AG, Hermann Nähmaschinenfabrik Altenburg / Thüringen
e 1944	T-Minenzünder	Altenburg	Köhler AG, Hermann Nähmaschinenfabrik Altenburg / Thüringen

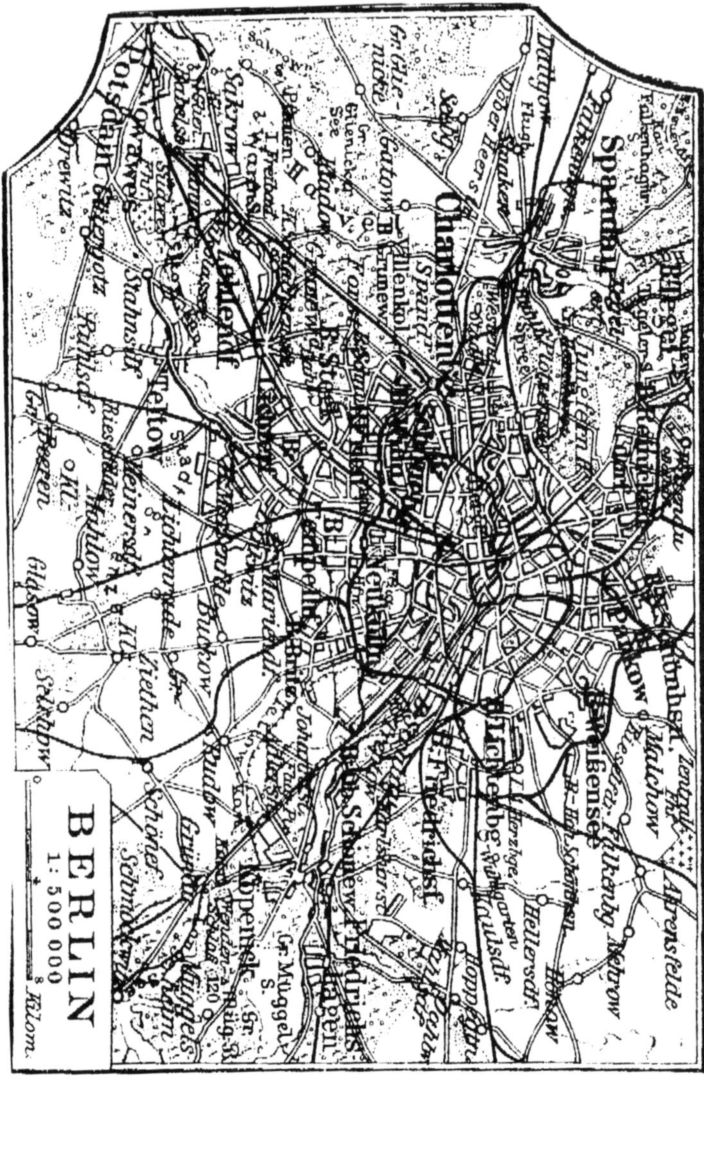
BERLIN
1: 500 000
Kilom.
Spandau
Charlottenburg
Potsdam
Teltow
Weissensee
Köpenick

wg	Magazin für 2-cm-Flugzeugabwehrkanone 30 und 38, Nr. 5551, WaA 10	Altenburg	Schneider AG, Hugo Werk Altenburg, Altenburg
wg	Patronenhülse für 2-cm-Maschinengewehr 151/20	Altenburg	Schneider AG. Hugo, Werk Altenburg, Altenburg
wg	Patronenhülse für 2-cm-Maschinengewehr FF	Altenburg	Schneider AG Hugo, Werk Altenburg, Altenburg
wg	Patronenhülse für 13-mm-Maschinengewehr 131	Altenburg	Schneider AG Hugo Werk Altenburg, Altenburg
wg	Patronenhülse für 13-mm-Maschinengewehr 131	Altenburg	Schneider AG. Hugo, Werk Altenburg, Altenburg
wg 1941	Patronenhülse für 2-cm-Maschinengewehr FF	Altenburg	Schneider AG. Hugo, Werk Altenburg, Altenburg
wg 1943	Patronenhülse für 2-cm-Maschinengewehr FF	Altenburg	Schneider AG, Hugo, Werk Altenburg, Altenburg
wg 1944	Patronenhülse 8 x 57	Altenburg	Schneider AG, Hugo, Werk Altenburg, Altenburg
wg 1944	Stahlhülse für Patrone, Panzerbrand für 13-mm- Maschinengewehr 131	Altenburg	Schneider AG Hugo Werk Altenburg, Altenburg
wg 1944	Zündschraube C/12 n A	Altenburg	Schneider AG Hugo, Werk Altenburg, Altenburg
wg 1944	5-cm-Sprenggranate L'Spur mit Aufschlagzünder 38 gelber Geschoßkörper mit rotem Farbring über FES Führungsband grün aufschabloniert. Abnahmestempel Luftwaffenamte	Altenburg	Schneider AG . Hugo, Werk Altenburg, Altenburg
wg 1944	Gewehrsprenggranate, WaA 225 c	Altenburg	Schneider AG Hugo Werk Altenburg, Altenburg
wg 1944	Zündschraube C/17 a.A. St.	Altenburg	Schneider AG Hugo Werk, Altenburg, Altenburg
wg 1944	Geschoßhülle der Sprenggranate für 13-mm-Maschinengewehr 131	Altenburg	Schneider AG. Hugo, Werk Altenburg, Altenburg
gcy 1941	T-Minenzünder 35	Altenburg / Thüringen	Dietrich, L.O. Vesta-Nähmaschinenwerke, Altenburg / Thüringen
gcy 1942	Kopfzünder	Altenburg / Thüringen	Dietrich, L.O. Vesta-Nähmaschinenwerke, Altenburg / Thüringen
gcy 1944	Aufschlagzünder 5095	Altenburg / Thüringen	Dietrich, L.O. Vesta-Nähmaschinenwerke, Altenburg / Thüringen
jhg 1942	Ledertasche	Altstadt-Hachenburg, Westerwald	Genschow & Co AG, Gustav, Abteilung Lederwaren-Fabriken, Altstadt-Hachenburg, Westerwald
gre	Verschluß des 7,5-cm-leichten Infanteriegeschutzes	Ammendorf	Habämfa, Hallesche Bäckereimaschinen und Backofenfabrik Rausch & Filbry, Werk Ammendorf
cpn 1941	3,7-cm-Kopfzünder 40 12 b	Apolda	Rheinmetall - Borsig AG, Werk Apolda
cpn 1941	Aufschlagzünder 38	Apolda	Rheinmetall - Borsig AG, Werk Apolda
cpn 1943	Aufschlagzünder 38 St.	Apolda	Rheinmetall - Borsig AG, Werk Apolda
cpn 1943	Aufschlagzünder 5072	Apolda	Rheinmetall - Borsig AG, Werk Apolda
cpp 1944	Panzerbrandgeschoß für 13-mm-Maschinengewehr 131	Apolda	Rheinmetall - Borsig AG,Werk Apolda
bkp	Kleinteile 2-cm-Flugzeugabwehrkanone 38	Arnsberg / W	Röhrenwerk Johannes Surmann GmbH, Arnsberg / W
auz	Patronenhülse für 2-cm-	Arnstadt	Polte, Werk Arnstadt

	Flugzeugabwehrkanone 30/38		
auz 1940	Patronenhülse Messing für 27-mm-Leuchtpistole	Arnstadt	Polte. Werk Arnstadt
auz 1940	Patronenhülse für 2-cm-Flugzeugabwehrkanone 30 und 38	Arnstadt	Polte. Werk Arnstadt
auz 1941	Geschoßhülle für 2-cm-Sprenggranate der Flugzeugabwehrkanone 38	Arnstadt	Polte. Werk Arnstadt
auz 1941	2-cm-Kopfzünder Zerleger	Arnstadt	Polte Werk Arnstadt
auz 1942	Geschoßkörper für 2-cm-Flugzeugabwehrkanone Oerikon aufschabloniert 42	Arnstadt	Polte. Werk Arnstadt
ets	Magazin für 2-cm-Flugzeugabwehrkanone 30 und 38	Aue	Hecker AG Ernst. Metallwarenfabrik Aue / Sachsen
ets	Magazin für 2-cm-Flugzeugabwehrkanone WaA 84	Aue	Hecker AG, Ernst Metallwarenfabrik Aue Sachsen
hmz	Holzkasten für Schützenmine	Auerbach	Arbeitsgemeinschaft Holz des Klingenthaler Bezirkes GmbH, Brunndöbra /Vogtland, Auerbach Str. 33 c
baa 1942	5-cm-Granatwerfer 36	Augsburg	Keller & Knappich GmbH Maschinenfabrik Augsburg
cxz	Teile für 8,8-cm-Flugzeugabwehrkanone 18	Bad Oeynhausen / Westfalen	Eisenwerk Weserhütte AG. Bad Oeynhausen / Westfalen
cxz 1943	Sd.Kfz. 251 D, Fahrgestell-Nr. 812955 Aufbau Nr. 14	Bad Oeynhausen / Westfalen	Eisenwerk Weserhütte AG. Bad Oeynhausen / Westfalen
cwa	S-Minenzünder	Bad Salzungen	Jung & Dittmar AG. Metallwarenfabrik. Bad Salzungen
kyq	Packkiste für 30 Gewehr-Sprenggranaten	Bamberg	Pauckner. Joh., Martin. Lederwarenfabrik, Bamberg
kyq	Packgefäß für Gewehrgranaten	Bamberg	Pauckner, Joh., Martin, Lederwarenfabrik, Bamberg
bvd	Heeresfeldwagen	Bautzen	Waggon- und Maschinenfabrik AG vormals Busch, Bautzen
gnt	Gurtkasten für 250 Patronen 8 x 57	Beierfeld	Georgi, Ernst Metallwaren-Fabrik Beierfeld im Erzgebirge
gnx	Kraftstoffkanister 20 Liter	Beierfeld / Erzgebirge	Nironana Werke & Nier Ehmer, Auto und Fahrrad - Zubehör Bereierfeld / ErzgebirgeE
gnx	Stielhandgranate 43	Beierfeld / Erzgebirge	Nirona - Werke, Nier & Ehmer, Auto- und Fahrradzubehör, Beierfeld / Erzgebirge (139
gnx 1944	Stielhandgranate 24	Beierfeld / Erzgebirge	Nirona - Werke, Nier & Ehmer, Auto- und Fahrradzubehör, Beierfeld / Erzgebirge (139
gnx 1944	Kraftstoffkanister 20 Liter	Beierfeld / Erzgebirge	Nirona - Werke, Nier & Ehmer, Auto- und Fahrradzubehör, Beierfeld / Erzgebirge (139)
gsy	Packgefäß (Holz)für 2-cm-Sprenggranate der Flugzeugabwehrkanone 20	Bergeichenstei n	Horrer, Franz, Holz- und Korbwarenfabrik, Bergeichenstein
dqa	kleiner Aufschlagzünder 23 umg.	Berghof / Rheinland	Fahrradwerke Bismarck Aktiengesellschaft, Bergerhof / Rheinland, Postschließfach 10
cyq	Pistole 38	Bergisch - Gladbach	Spreewerk GmbH Metallwarenfabrik Berlin Spandau, Freiheit 4-7
dqc	Halterung für Flugzeugabwehrkanonen-Zielfernrohr 10 x 80	Bergneustadt / Rheinland	Metallwarenfabrik Eugen Jsing, Bergneustadt / Rheinland
arl 1942	3,7-cm-Kopfzünder 40	Berlin	Bergmann Elektrizitätswerke AG, Berlin Wilhelmsruh
arl 1942	Kopfzünder 40 3,7-cm-	Berlin	Bergmann Elektrizitätswerke AG, Berlin Wilhelmsruh

Er hat die Zeit gut überstanden - der Drehturm eines Panzerkampfwagen II(2 cm) (Sd.Kfz.121), Ausführung F. Aufnahme aus dem Jahr 1998.

Ebenfalls noch gut erhalten - das Panzergehäuse eines leichten Schützenpanzerwagen D 7p(Sd.Kfz.250). Abschlußausführung. Aufnahme aus dem Jahr 1998.

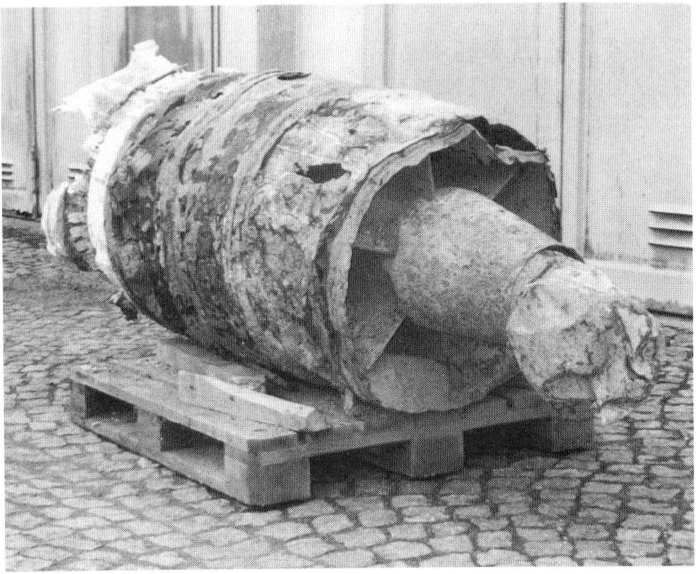

Fragment eines Strahltriebwerkes Jumo 004 B. Es ist 1997 auf dem Flugplatz Hessental bei Schwäbisch Hall gefunden worden.

Modifizierte Abwehr-Flammenwerfer 42. Unterschiede betreffen das senkrecht nach oben gerichtete Flammstrahlrohr und die Füllung des Druckkörpers mit einem Benzin-Dieselgemisch. Vermutlich wurden sie zur Verneblung von Feldflugplätzen der Luftwaffe genutzt. Fundort: Flugplatz Hessental.

arx 1944	Patronenhülse St.Nr. 6348 für 3.7-cm-Flugzeugabwehrkanone 18, 36, 37 und 43	Berlin	Collis Metallwerke GmbH Westhausen Kreis Aalen / Westfalen
asb	Patronen 9 x 19 Para	Berlin	Deutsche Waffen- und Munitionsfabriken AG Berlin - Borsigwalde, Eichborndamm 107 - 127
asb 1940	Kartuschhülse 6342 St. für leichte Feldhaubitze	Berlin	Deutsche Waffen- und Munitionsfabriken AG Berlin - Borsigwalde, Eichborndamm 107 - 127
asb 1943	Platzpatrone 33 (Sorte 1) 3 L 43	Berlin	Deutsche Waffen- und Munitionsfabriken AG Berlin - Borsigwalde, Eichborndamm 107 - 127
asb 1944	Patronen 9 x 19 Para	Berlin	Deutsche Waffen- und Munitionsfabriken AG Berlin - Borsigwalde, Eichborndamm 107 - 127
aut 1943	Zündschraube C/22 St.	Berlin	Osten, Hermann, Berlin C 2, Landwehrstr. 11
azg	Aufschlagzünder 1532	Berlin	Siemens-Schuckert AG Abteilung Industrie, Kriegs- und Schiffbau Elektromotorenwerk Berlin Siemensstadt
azg	Aufschlagzünder 1532	Berlin	Siemens-Schuckert AG Abteilung Industrie, Kriegs- und Schiffbau Elektromotorenwerk Berlin Siemensstadt
bm 1942	Heeressattel 25	Berlin	Allgemeine Elektricitätsgesellschaft Zählerfabrik Berlin N 31 Ackerstr.
brc	Patronenkasten 41 für Maschinengewehr	Berlin	Weber & Co Fr. Laternenfabrik, Berlin So 36, Graetzstr. 68
bwz	Kunststoffteile von Flugzeugamaturen	Berlin	Auer-Gesellschaft AG, Gasglühlicht Berlin N 65, Friedrich-Krause-Ufer, Werk Oranienburg
bwz	Schutzfilter für Gasmaske	Berlin	Auer-Gesellschaft AG, Gasglühlicht Berlin N 65, Friedrich-Krause-Ufer, Werk Oranienburg
bwz	Holzkasten Vorrat und Zubehör für Gasanzeiger WaA 10	Berlin	Auer-Gesellschaft AG, Gasglühlicht Berlin N 65, Friedrich-Krause-Ufer, Werk Oranienburg
bwz	Gesichtsmaske aus Gummi	Berlin	Auer-Gesellschaft AG, Gasglühlicht Berlin N 65, Friedrich-Krause-Ufer, Werk Oranienburg
bwz	Gesichtsmaske aus Gummi	Berlin	Auer-Gesellschaft AG, Gasglühlicht Berlin N 65, Friedrich-Krause-Ufer, Werk Oranienburg
bzv 1944	Munitionskiste für Gebirgskanone 15	Berlin	Gast, J. KG, Werkzeugmaschinenfabrik, Berlin - Lichtenberg Siegfriedstr. 200 - 204
cc	Zeitzünder S/30	Berlin	Jahre, Richard, Spezialfabrik für Kondensatoren, Berlin So 16, Köpenickerstr. 33 a
cdo	Große Gewehrpanzergranate	Berlin	Bergmann & Co Theodor AG, Waffen- und Munitionsfabrik Werk Velten, Berlin W 62 Kleiststr.21
cdo	Große Gewehrpanzergranate	Berlin	Bergmann & Co Theodor AG, Waffen- und Munitionsfabrik Werk Velten, Berlin W 62 Kleiststr.21
cdo 1944	Gewehrsprenggranate	Berlin	Bergmann & Co Theodor AG, Waffen- und Munitionsfabrik Werk Velten, Berlin W 62 Kleiststr.21
chd	Steuerteil A-4 (V-Z)	Berlin	Deutsche Industriewerke AG Berlin - Spandau, Freiheit 4 - 8
cjv 1943	Vorratskiste für 2-cm-Flugzeugabwehrkanone 38	Berlin	Conrad, Franz R., Beleuchtungskörper und Metallwarenfabrik, Berlin SO 36, Glogauer Str. 19 - 21
cjy	Richtaufsatz 35	Berlin	Neag, Nordeutsche Elektro-Akustik Gesellschaft, Kaufhold KG, Berlin SO 36, Oranienstr. 185
clm	Zielfernrohr 3 x 8 Grad für 2-cm-Flugzeugabwehrkanone 30 und 38	Berlin	Biedermann & Czarnikow, Fabrik für Feinmechanik, Metallbearbeitung Berlin SO 36, Elsenstr. 106 - 107
clm		Berlin	Biedermann & Czarnikow, Fabrik für

			Feinmechanik, Metallbearbeitung Berlin SO 36, Elsenstr. 106 - 107
cme	Rundblick-Fernrohr 36, Nr. 287128	Berlin	Wichmann Gebr. Zeichengeräte, Vermessungsinstrumente Berlin NW 7
cme	Rundblickfernrohr 36	Berlin	Wichmann Gebr. Zeichengeräte, Vermessungsinstrumente Berlin NW 7
cme	Zieloptik Nr. 181865	Berlin	Wichmann Gebr. Zeichengeräte, Vermessungsinstrumente Berlin NW 7
cnx	Behälter (Blech) für Waffenreinigungsgerät	Berlin	Appel, Gustav, Maschinenfabrik, Berlin - Spandau, Päwesiner Weg 19
cny	Zweibeinhalter für Maschinengewehr 34 (Panzer)	Berlin	Pose, C., Wehrausrüstungen, Berlin O 34, Boxhagener Str. 16
cpn 1941	Aufschlagzünder 23/28	Berlin	Linke & Co. Paul Fabrik elektrische Maschinen- und Apparate, Berlin Tempelhof Ringbahnstr. 52
cqg 1941	Aufschlagzünder 39	Berlin	Sandmann, Carl, Armaturenfabrik und Metallgießerei, Berlin SO 36, Kottbuserstr. 8
cqq 1943	Panzergranate für 2-cm-Maschinengewehr 151/20	Berlin	Seiler & Co. Adolf. GmbH, Tischlerwerkstätte, Berlin Charlottenburg 1 Krummestr. 75
cra	Schloß für Maschinengewehr 42	Berlin	Maget, Maschinen- und Gerätebau GmbH, Berlin - Tegel, Eisenhammerweg 56 - 60
crv	Höhenwinkelanzeiger für 8,8-cm-Flugzeugabwehrkanone 36 WaA 14	Berlin	Werner AG, Fritz Maschinen- und Werkzeugfabrik Werk II Berlin W 35 , Lützowstr. 6
csf	Verschluß für 10,5-cm-Feldhaubitze 18/40	Berlin	Wittenauer Maschinenfabrik GmbH, Berlin Borsigwalde, Flohrstraße
csk 1941	Fliegerdrehstütze 36	Berlin	Ama GmbH, Berlin Spandau Rauchstr. 43 / 44
cyq	Pistole 38 Nr. 5640	Berlin	Sprecwerk GmbH Metallwarenfabrik Berlin Spandau, Freiheit 4-7
ddv	Zielfernrohr 3 x 8 Nr. Nr. 19792	Berlin	Oculus, Spezialfabrik ophthalmologischer Instrumente, Berlin N 4, Chausseestr. 8
ddv	Steckkontakt der Beleuchtung der Zieloptik dazu Bateriebehälter	Berlin	Oculus, Spezialfabrik ophthalmologischer Instrumente, Berlin N 4, Chausseestr. 8
ddv	Einsatz für Batteriekasten	Berlin	Oculus, Spezialfabrik ophthalmologischer Instrumente, Berlin N 4, Chausseestr. 8
dhv	Richtaufsatz 35 Nr. 14403	Berlin	Berliner Pysikalische Werkstätten GmbH Berlin, Teltow und Immenstadt
dhv	Kleinfunksprechgerät "d"	Berlin	Berliner Physikalische Werkstätten GmbH Berlin W 35, Woyrschstr. 8 für Werk Berlin, Werk Tetow
djg	Rundblickfernrohr für 8,8-cm-. Flugzeugabwehrkanone	Berlin	Navigation, Joseph Veltjens KG, Berlin Tempelhof, Ringbahnstr. 16-18-20
dkp 1944	T-Minenzünder 43	Berlin	Hagenuk Hanseatische Apparatebau Gesellschaft Neufeldt & Kuhnke GmbH, Berlin Tempelhof
dkp 1944	T-Minezünder 43	Berlin	Hagenuk Hanseatische Apparatebau Geselschaft Neufeldt & Kuhnke GmbH Berlin Tempelhof
dpw	Steckkontakt für Bel. Panzeroptik	Berlin	Zeiss-Ikon AG Goerzwerk, Berlin - Zehlendorf
ecq 1939	Feldtelefon	Berlin	Schuchhardt, Ferdinand, Berliner Fernsprech- und Telegraphenwerk AG, Berlin S 16, Köpenickerstr. 55
elb	3,7-cm-Kopfzünder Zerleger Pv	Berlin	Allgemeine Elektrizitäts Gesellschaft Fabrik Brunnenstr. Berlin N 31, Brunnenstr. 107a
feu 1944	Aufschlagzünder 23/28 für Sprenggranate der 8,8-cm-Panzerabwehrkanone 43	Berlin	Krone Presswerk GmbH, Berlin 112, Frankfurter Alle 288
fwh	Maschinengewehr 151 /20	Berlin	Norddeutsche Maschinenfabrik GmbH, Berlin NW 7, Dorotheenstr. 36
gzy	Führertochterkompaß KT/12	Berlin	Patin, Albert, Werstätten für Fernsteuertechnik, Berlin W 35, Woyrschstr. 13

hft 1942	Pistolentasche für Pistole 38	Berlin	Becker & Co GmbH. Militär- und Feuerwehrausrüstung. Berlin C 2, Marsiliusstr. 4-6
hyk 1944	Zweibein für 8-cm-Granatwerfer 34	Berlin	Pröbsting GmbH. Hermann Metallgroßhandlung Berlin SW 68 Mathieustr. 7 - 9
ksd 1943	Tasche für Dienstglas	Berlin Spandau	Winkler, Walther Sattlerwaren- und Militäreffekten- Fabrik, Berlin Spandau, Schönwalder Str. 101
ksd 1943	Köcher, schwarz für Dienstglas 10 x 50 WaA 14	Berlin Spandau	Winkler, Walther Sattlerwaren- und Militäreffekten- Fabrik, Berlin Spandau, Schönwalder Str. 101
wb 1942	Patronenhülse für 2-cm-Maschinengewehr 151/20	Berlin Köpenick	Schneider AG, Hugo, Werk Berlin Köpenick
hgu	Turmzielfernrohr 9c Nr. 5668	Berlin - Friedenau	Friedenauer Technische Werkstätte GmbH, Berlin - Friedenau, Rheinstr. 45
hgu	Turmzielfernrohr 9c	Berlin - Friedenau	Friedenauer Technische Werkstätte GmbH, Berlin - Friedenau, Rheinstr. 45
hng 1941	Kopfzünder Zerleger Pv	Berlin Köpenick	Tönnse, Otto, Apparate und Gerätebau, Berlin Köpenick, Mahlsdorferstr. 13
fpc	Kunststoffteile für Elektroamaturenen	Berlin Oberschöne-weide,	Isopress-Werk GmbH, Berlin Oberschöneweide, Wilhelminenhofstr. 90
hhg 1943	2-cm-Flugzeugabwehrkanone 38 (Waffe)	Berlin - Tegel	Rheinmetall - Borsig AG Werk Tegel, Berlin - Tegel
hzw 1945	Packgefäß für 3,7-cm-Granatpatronen der Flugzeugabwehrkanone 18, 36, 37 und 43	Berlin - Weißensee	Warnecke & Böhm AG Farben- und Lackfabrik Berlin - Weißensee Goethestr. 15 - 19
kjj	Zielfernrohr 3 x 8 Grad für 2-cm-Flugzeugabwehrkanone	Berlin / Friedenau	Askania-Werke AG, Berlin Friedenau
kjj	Zielfernrohr 3 x 8 Grad Nr. 16595 der 3,7-cm-Flugzeugabwehrkanone 37	Berlin / Friedenau	Askania-Werke AG, Berlin Friedenau
ecb 1943	Fallschirmpatrone 41	Berlin / Buchholz	Bock, Gebr. Pyrotechnische Fabrik, Berlin Buchholz, Schönenlinder Chausee 5
dzl	Zielfernrohr 3 x 8 Grad /II Nr. 15960	Berlin / Schöneberg	Optische Anstalt Oigee GmbH, Berlin Schöneberg, Bahnstr. 22
dzl	Zielfernrohr 3 x 8 Grad Nr. 1993	Berlin / Schöneberg	Optische Anstalt Oigee GmbH, Berlin Schöneberg, Bahnstr. 22
dzl	Zielfernrohr 3 x 8 Grad /II Nr. 6821.	Berlin / Schöneberg	Optische Anstalt Oigee GmbH, Berlin Schöneberg, Bahnstr. 22
dzl	Zielfernrohr 3 x 8 Grad für 7,5-cm-Flugzeugabwehrkanone 17/34 Nr. 22568	Berlin / Schöneberg	Optische Anstalt Oigee GmbH, Berlin Schöneberg, Bahnstr. 22
dzl	Zielfernrohr 3 x 8 Grad für 7,5-cm-Flugzeugabwehrkanone	Berlin / Schöneberg	Optische Anstalt Oigee GmbH, Berlin Schöneberg, Bahnstr. 22
dzl		Berlin / Schöneberg	Optische Anstalt Oigee GmbH, Berlin Schöneberg, Bahnstr. 22
dzl	Zielfernrohr 3 x 8 Grad für 3,7-cm-Flugzeugabwehrkanone Nr. 18904	Berlin / Schöneberg	Optische Anstalt Oigee GmbH, Berlin Schöneberg, Bahnstr. 22
dzl	Zielfernrohr 3 x 8 Grad Flugzeugabwehrkanone 2-cm- Nr. 31920	Berlin / Schöneberg	Optische Anstalt Oigee GmbH, Berlin Schöneberg, Bahnstr. 22
cxr 1943	15-cm-Infanteriegeschützgranate	Berlin Falkensee	Berlin - Seegefelder - Industrie AG, Falkensee bei Berlin
coq	Einheitsaufbau für Lastkraftwagen 3 t Gerät Nr. 121 - 14 A Werk Nr. 45/4345/18	Berlin Neukölln	Gaubschat Fahrzeugwerke GmbH, Berlin Neukölln, Willi Walterstr. 32 - 38
eos 1943	Zeitzünder S/30	Berlin Neukölln	Feiler, W. Feinmechanik GmbH, Berlin Neukölln, Große Frankfurter Straße 53
fqv	Verschluß der 5-cm-Kampfwagenkanone L/42 R 2052	Berlin NW 87	Gesellschaft für elektrische Unternehmungen AG, Berlin NW 7, Fabrik Loewe-Gesfürel AG, Berlin

			NW 87, Huttenstr. 17 - 20
nho	7,5-cm-Sturmkanone 42 L/70 - Fragment-	Berlin Spandau	Spreewerk GmbH. Berlin Spandau, Werk Kratzau
fso	Patronenkasten 41 für Maschinengewehr	Berlin Weissensee	Weissensee-Guss GmbH. Berlin Weissensee, Franz. Josephstr. 110
aks 1944	28-cm-Wurfgranate (Spreng)	Bernsbach / Erzgebirge	Schneider & Korb Metallwarenfabrik. Bernsbach / Erzgebirge
aqk 1944	Zündschraube C/12 n. A. Stahl	Bielefeld	Miele und Cie., Bielefeld
aqk 1944	Leichter Infanteriegranatzünder 23 n. A.	Bielefeld	Miele und Cie., Bielefeld
ark	2-cm-Flugzeugabwehrkanone 30 Nr. 9222	Bielefeld	Benteler-Werke AG, Bielefeld
ark	2-cm-Flugzeugabwehrkanone 30 Nr. 8850	Bielefeld	Benteler-Werke AG, Bielefeld
ark	2-cm-Flugzeugabwehrkanone 30 Nr.0325	Bielefeld	Benteler-Werke AG, Bielefeld
ark	2-cm-Flugzeugabwehrkanone 30 Nr. 7160/1064	Bielefeld	Benteler-Werke AG, Bielefeld
bhy	Verschlußhebel für 7,5-cm-Panzerjägerkanone 39	Bielefeld	Kochs - Adlernähmaschinenwerke AG Eisengießerei. Bielefeld Teichstr. 2
bhy	Auszieher für 7,5-cm-Panzerjägerkanone 39	Bielefeld	Kochs - Adlernähmaschinenwerke AG Eisengießerei, Bielefeld Teichstr. 2
bhy	Schlagbolzen für 7,5-cm-Panzerjägerkanone 39	Bielefeld	Kochs - Adlernähmaschinenwerke AG Eisengießerei, Bielefeld Teichstr. 2
bja	Pumpe für Motor Jagdflugzeug Me 109	Bielefeld	Pilgrim, Wilhelm, Maschinenfabrik Westfalia, Bielefeld. Ravensberger Str. 41
bja 1944	Zeitzünder S/30	Bielefeld	Pilgrim, Wilhelm, Maschinenfabrik Westfalia Bielefeld, RavensburgerStr. 41
bvs 1944	Zündschraube C/12 n.A.	Bielefeld	Gundloch, E., Aktiengesellschaft Bielefeld
eap	Zubehör für Verschluß für 7,5-cm-Panzerjägerkanone 39	Bielefeld	Phönix Nähmaschinen AG, Baer & Rempel, Bielefeld, Kleine Bahnhofstr. 3
fng	Verschluß der 10,5-cm-Kanone	Bielefeld	Anker-Werke AG, Bielefeld
dat 1943	Maschinengewehr 34 Nr. 917	Bielitz	Ochsner & Sohn, Karl Maschinenfabrik Bielitz
opo	Zündschnuranzünder	Bielitz (O.S.),	Erwin Schauderma, Hanf-, Draht- und Baumwollfabrik, Bielitz (O.S.), Am Sträßel 34
bdl 1941	Zünderbüchse (Bakelit)	Birkesdorf - Düren / Rheinland	Isola - Werke AG, Fabrik für elektrotechnisches Isoliermaterial und Preßwerk, Birkesdorf - Düren - Rheinland
bxe	5-cm-Sprenggranate	Bochum	Bochumer Verein für Gußstahlfabrikation, Bochum Alleestr. 64 - 69 Maystr. Abt. WG
bxe 1942	Wange (Links) für 8,8-cm.-Flugzeugabwehrkanone 36 L/56, FL 781 b	Bochum	Bochumer Verein für Gußstahlfabrikation, Bochum Alleestr. 64 - 69 Maystr. Abt. WG
bxe 1944	Verschlußstück für 8,8-cm.-Flugzeugabwehrkanone 36 L/56, FL 711 b	Bochum	Bochumer Verein für Gußstahlfabrikation, Bochum Alleestr. 64 - 69 Maystr. Abt. WG
kkw 1942	Zeitzünder S/30	Bodenbach / Sudeten	Elektrotechnische Fabrik Schmidt & Co. GmbH. Bodenbach / Sudeten
kkw 1942	Zeitzünder S/30	Bodenbach / Sudeten	Elektrotechnische Fabrik Schmidt & Co GmbH, Bodenbach / Sudeten
blz 1944	Kartuschbeutel 2,815 kg Diglikol-Röhrenpulver - KO-D-(450.4.9./2.1)	Bomlitz über Walsrode	Eibia GmbH Verwertungsgesellschaft für chemische Produkte Werk Bomlitz über Walsrode
blz 1944	Kartuschbeutel 3,7-cm-für Schnelladekanone C/30	Bomlitz über Walsrode	Eibia GmbH Verwertungsgesellschaft für chemische Produkte Werk Bomlitz über Walsrode
blz	Treibladung für	Bomlitz über	Eibia GmbH Verwertungsgesellschaft für

1944 1943	Raketenpanzerbüchsengranate 4392	Walsrode	chemische Produkte Werk Bomlitz über Walsrode
eeh	Aufschlagzünder 1551	Bonn	Soennecken, F. Bonn, Kirschallee 1-3
eeh 1941	Haubengranatzünder 40	Bonn	Soennecken, F., Bonn, Kirschallee 1-3
eeh	Brennzünder für Eierhandgranate 39	Bonn	Soennecken, F. Bonn, Kirschallee 1-3
bmz 1943	Aufschlagzünder 43	Boskowitz	Minerva, Nähmaschinenfabrik - AG, Boskowitz
czs	Geschoßhülle der 3,7-cm-Sprenggranate für die Flugzeugabwehrkanone 18,36, 43	Bra Brandenburg ndenburg	Brennabor-Werke AG, Brandenburg / Havel
avk 1943	Kartuschhülse 6341 St. für 7,5-cm-leichtes Infanteriegeschütz 18	Brackwede / Bielefeld	Ruhrstahl AG, Preßwerke Brackwede, Brackwede / Bielefeld
avk 1944	2-cm-Panzerbrandgranate für MG 151/20	Brackwede / Bielefeld	Ruhrstahl AG, Preßwerke Brackwede, Brackwede / Bielefeld
avk 1944	Lauf eines Karabiner 98 k	Brackwede / Bielefeld	Ruhrstahl AG, Preßwerke Brackwede, Brackwede / Bielefeld
avk 1944	Lauf eines Maschinengewehr 42	Brackwede / Bielefeld	Ruhrstahl AG, Preßwerke Brackwede, Brackwede / Bielefeld
jqa 1943	Holz-Geschoß für Platzpatrone 33	Brand - Erbisdorf	Fickenwirth, Emil Holz, Präzisionsbearbeitung für Waffen und Munition Brand-Erbisdorf / Sachsen
cpj	2-cm-Flugzeugabwehrkanone 38 (Waffe) WaA 101	Brandenburg	Havelwerk GmbH, Brandenburg / Havel, Potsdamstr. 46 - 49
cpj	Rohr der 2-cm-Flugzeugabwehrkanone 38, W 14904	Brandenburg	Havelwerk GmbH, Brandenburg / Havel, Potsdamer Str. 46 - 49
cpj	Rohr der 2-cm-Kampfwagenkanone 38	Brandenburg	Havelwerk GmbH, Brandenburg / Havel, Potsdamstr. 46 - 49
cpj	2-cm-Kampfwagenkanone 38	Brandenburg	Havelwerk GmbH, Brandenburg / Havel, Potsdamstr. 46 - 49
cpj	2-cm-Flugzeugabwehrkanone 38 Nr.46399	Brandenburg	Havelwerk GmbH, Brandenburg / Havel, Potsdamstr. 46 - 49
cpj 1940	Granatbüchse 39 Nr. 8450	Brandenburg	Havelwerk GmbH, Brandenburg /Havel Potsdamer Str. 46 - 49
cpj 1941	2-cm-Kampfwagenkanone 38 mit Flak-Rohr, Waffen Nr. 716	Brandenburg	Havelwerk GmbH, Brandenburg / Havel, Potsdamstr. 46 - 49
cpj 1943	Zeitzünder S/30	Brandenburg	Havelwerk GmbH Brandenburg / Havel, Potsdamstr. 46 - 49
czs	Schlagbolzen, 3,7-cm-Panzerabwehrkanone	Brandenburg	Brennabor-Werke AG, Brandenburg / Havel
czs	2-cm-Flugzeugabwehrkanone 30, Nr. 5788	Brandenburg	Brennabor-Werke AG, Brandenburg / Havel
czs 1942	Sprengranatpatrone mit 2-cm-Kopfzünder 45 für 2-cm-Flugzeugabwehrkanone Oerikon	Brandenburg	Brennabor-Werke AG, Brandenburg / Havel
czs 1942	Zünder 2-cm-Sprenggranate für Flugzeugabwehrkanone 38	Brandenburg	Brennabor-Werke AG, Brandenburg / Havel
frn	Verschlußschnalle für Köcher Dienstglas 10 x 50	Brandenburg	Federn- Draht- und Meatllwarenfabrik Rudolf Lang, Brandenburg / Havel, Koppehlstr. 5 - 7
fsu	Gewehrgranatgerät für Karabiner 98 k Nr. 11844	Brandenburg	Brandenburger Fahrrad- und Motorrad- Werke "Excelsior" GmbH, Brandenburg / Havel
fsu	Magazin für 2-cm-Kampfwagenkanone 38 Nr. 36156	Brandenburg	Brandenburger Fahrrad- und Motorrad- Werke "Excelsior" GmbH, Brandenburg / Havel
ksm	Zerlegerzünder 20, MWaA 12	Braunau Sudeten	Uhrenfabrik Gebr. Junghans AG, Werk Braunau, Sudeten
ksm 1943	3,7-cm-Kopfzünder Zerleger Fg.	Braunau Sudeten	Uhrenfabrik Gebr. Junghans AG, Werk Braunau, Sudeten

arr 1943	Reinigungsgerät 34, WaA 57	Braunschweig	Braunschweigische Blechwarenfabrik GmbH, Braunschweig, Frankfurter Str. 2/3
bal	Antriebsrad für Sturmgeschütz III G	Braunschweig	Miag, Mühlenbau und Industrie AG Braunschweig, Ernst Ammestr. 19 Werk Ammewerk
ccs	Verschluß der 7,5-cm-Kampfwagenkanone 42	Braunschweig	Karges Hammer, Maschinenfabrik Braunschweig Frankfurter Str. 36
cjd 1942	Verschluß der 5-cm-Kampfwagenkanone L/42 in Sockellafette	Braunschweig	Vereinigte Eisenbahn - Signalwerke GmbH, Werk Braunschweig
ddx	Dienstglas 6 x 30	Braunschweig	Voigtländer & Sohn AG Braunschweig
ddx	Dienstglas 6 x 30, Nr. 314211	Braunschweig	Voigtländer & Sohn AG Braunschweig
ddx 1944	Zielfernrohr für Karabiner 43	Braunschweig	Voigtländer & Sohn AG Braunschweig
guv 1944	Zeitzünder S/30	Braunschweig	Reichswerke AG, für Erzbergbau und Eisenhütten Hermann Göring Hütte, Braunschweig, Braunschweig, Postfach 420
eba 1944	Patronenhülse 8 x 57	Breitungen	Metallwarenfabrik Scharfenberg & Teubert GmbH, Breitungen Werra
arq 1945	Feldküche	Bremen	Borgward, Carl FW, Bremen Föhrenstr. 81 - 82
bhc	Sprenggranate für 8,8-cm-Panzerabwehrgranate 43	Bremen	Francke-Werke, Bremen Am Seefeld 20
atb 1943	2-cm-Kopfzünder Zerleger Fg	Breslau	Hydrometer AG Breslau, Siebenhufe Str.57
cpp	Elektrischer Zeitzünder (9)	Breslau	Rheinmetall Borsig Ag Werk Breslau
cpp	Elektrischer Zeitzünder (9)	Breslau	Rheinmetall Borsig Ag Werk Breslau
cpp	Aufschlagzünder (80)	Breslau	Rheinmetall Borsig Ag Werk Breslau
cpp	Elektrischer Aufschlagzünder (106)	Breslau	Rheinmetall Borsig Ag Werk Breslau
cpp 1941	Elektrischer Zeitzünder (50)	Breslau	Rheinmetall Borsig Ag Werk Breslau
cpp 1942	Elektrischer Aufschlagzünder (28)	Breslau	Rheinmetall Borsig AG Werk Breslau
mrf	Lafettenwange, leichte Feldhaubitze 18/40	Breslau	Friedrich Krupp Berthawerk AG, Breslau
bzh 1941	Zugzünder	Bretten / Baden	Mellert, Josef, Fabrik für Feinmechanik, Bretten / Baden
bzh 1941	Zünderbuchse 1 (Bakelit)	Bretten / Baden	Mellert, Josef, Fabrik für Feinmechanik, Bretten / Baden
bzh 1943	Aufschlagzünder 23/28	Bretten / Baden	Mellert, Josef, Fabrik für Feinmechanik, Bretten / Baden
ban	Selbstfahrlafetten - Zielfernrohr 1 a Nr. 25989	Brockenem / Harz	Weule, J.F. Turmuhrenfabrik und Glockengießerei, Brockenem / Harz
eel 1943	Aufschlagzünder 1504	Brotterrode	Metallwarenfabrik vormals Wissner AG, Werk Brotterode / Hessen-Nassau
box	Rohr des 12-cm-Granatwerfers 42	Brünn	Erste Brünner Maschinenfabriksgesellschaft Werk Brünn Olmützer Str.
box 1944	Aufschlagzünder 38 St.	Brünn	Erste Brünner Maschinenfabriksgesellschaft Werk Brünn Olmützer Str.
dou 1944	Patronenhülse St. für 8,8-cm-Flugzeugabwehrkanone 18	Brünn	Waffenwerke Brünn AG, Werk Pov. Bystrica
dov	13-mm-Maschinengewehr 131, Nr. 79462	Brünn	Waffenwerke Brünn, Werk Wsetin
keb	Aufschlagzünder 38	Brünn	Armaturenfabrik und Metallgießerei Jiranek & Co Inhaber Wenzel Jiranek, Brünn, Krona 10
jua 1943	Zeitzünder S/30 Fg 1	Budapest	Danuvia, Waffen- und Munitionsfabrik AG, Budapest XIV, Anol-utca 10 - 12
bzp	3,7-cm-Kopfzünder Zerleger Fg	Calmbach /	Gauthier, Alfred GmbH Werkstätten für

1942		Enz	Feinmechanik und Maschinenbau Calmbach / Enz
bzp 1943	3,7-cm- Kopfzünder Zerleger Fg Hwa 544	Calmbach / Enz	Gauthier, Alfred GmbH Werkstätten für Feinmechanik und Maschinenbau Calmbach / Enz
bzp 1944	Kopfzünder 20	Calmbach / Enz	Gauthier, Alfred GmbH Werkstätten für Feinmechanik und Maschinenbau Calmbach / Enz
bzp 1944	Aufschlagzünder 38 WaA 544	Calmbach / Enz	Gauthier, Alfred GmbH Werkstätten für Feinmechanik und Maschinenbau Calmbach / Enz
bzp 1944	Kopfzünder 20	Calmbach / Enz	Gauthier, Alfred GmbH Werkstätten für Feinmechanik und Maschinenbau Calmbach / Enz
bzp 1944	3,7-cm-Kopfzünder Zerleger Fg	Calmbach / Enz	Gauthier, Alfred GmbH Werkstätten für Feinmechanik und Maschinenbau Calmbach / Enz
bwu 1944	Leichter Infanteriegranatenzünder 23 n.A.	Chemnitz	Schubert & Salzer, Maschinenfabrik AG, Chemnitz, Lothringer Str. 11
j 1941	Wurfgranatenzünder 38	Chemnitz	Langer, Gebr., Schrauben-,Metallwaren- und Federnfabrik, Chemnitz 9
cbu 1944	Gasmaskenbehälter für Gasmaske	Chotebor	Eckhardt & Co Fabrikerzeugung von Autogen- und Atemgeräte, Chotebor
ldc 1944	Sternsignalpistole	Cleebronn	Deutsche pyrotechnische Fabriken GmbH, Werk Cleebronn
kwh	S.A.F.A.T.Turm	Cloppenburg / Oldenburg	Kalkhoff, E., Cloppenburg / Oldenburg
cja	Bakeliteinsatz für Hülse 7,5-cm-Leichtgeschütz 40	Coburg	Schneider, Richard, Werk Coburg
fhm	Kraftstoffkanister 20 Liter	Coburg	Metallwerk Max Brose & Co. Coburg
cwg	Sprengladung der 10-cm-Granate 39 HL/B	Coswig	Westfälisch Anhaltische Sprengstoff AG, Werk Coswig
cwg	Sprengladung 3,7cm-Sprengranate für die Flugzeugabwehrkanone	Coswig	Westfälisch Anhaltische Sprengstoff AG Werk Coswig
cwg	Oberteil der zweiteiligen Sprengladung für 8,8-cm-Sprenggranate L/4,5 Br	Coswig	Westfälisch Anhaltische Sprengstoff AG, Werk Coswig
cwg 1942	Papphülle für Sprengladung der 10-cm-Granate 39 HL/B	Coswig	Westfälisch Anhaltische Sprengstoff AG, Werk Coswig
cwg 1943	Sprengladung DOV K 15 (Spr.)	Coswig	Westfälisch Anhaltische Sprengstoff AG, Werk Coswig
cwg 1944	Sprengladung für 3,7-cm-Panzergranate L'Spur Nitropenta	Coswig	Westfälisch Anhaltische Sprengstoff AG, Werk Coswig
bfu 1942	Zünderbuchse 2 L (Bakelit)	Dahlerbrück / Westfalen	Krägeloh & Co. Th. Elektroechnische Bedarfsartikelfabrik, Dahlerbrück i. W.
cdt 1944	Geschoßhülle der 2-cm-Panzergranate	Delstem	Automobilbestandteilefabrik Hagen Delstem, Delstemer Str. 135
bwp	Maschinengewehr 151 / 50	Dessau	Berlin - Anhaltische Maschinenbau AG, Zweigniederlassung der Bamag-Meguin, Dessau
bwp 1941	2-cm-Flugzeugabwehrkanone C/30 Nr. 4068 Lauf Nr. 778 1937 Rh 206	Dessau	Berlin - Anhaltische Maschinenbau AG, Zweigniederlassung der Bamag-Meguin, Dessau
bwp 1941	2-cm-Flugzeugabwehrkanone 30 Nr. 4068	Dessau	Berlin - Anhaltische Maschinenbau AG, Zweigniederlassung der Bamag-Meguin, Dessau
bpr	Maschinengewehr MG 42, Nr. 6246, WaA 623	Döbeln	Grossfuss, Jaohannes Metall- und Lackierwarenfabrik, Döbeln in Sachsen
bpr	Maschinengewehr 34, Nr. 1700	Döbeln	Grossfuss Johannes Metall- und Lackierwarenfabrik Döbeln / SachsenMetall
feh 1941	Wurfgranatenzünder 38	Donauwörth	Maschinenfabrik Donauwörth GmbH, Donauwörth, Krautwerg 472
amp	Turm des Panzerkampfwagens III,	Dortmund	Dortmund-Hoerder Hüttenverein AG, Dortmund, Rheinische Straße 173
amp	Patronenhülse für die 3,7-cm-Flugzeugabwehrkanone 18, 36	Dortmund	Dortmund-Hoerder Hüttenverein AG, Dortmund Rheinische Straße
amp	Patronenhülse für 3,7-cm-SK C/3St.0	Dortmund	Dortmund - Hoerder Hüttenverein AG, Dortmund,

1941			Rheinische Str. 173
amp 1941	Patronenhülse für 3.7-cm-Flugzeugabwehrkanone (r)	Dortmund	Dortmund-Hoerder Hüttenverein AG. Dortmund. Rheinische Straße 173
amp 1944	Aufschlagzünder 38 Stahl	Dortmund	Dortmund-Hoerder Hüttenverein AG. Dortmund. Rheinische Straße 173
amp 1944	Patronenhülse St. für 8,8-cm-Flugzeugabwehrkanone 18	Dortmund	Dortmund - Hoerder Hüttenverein AG Dortmund. Rheinische Str. 173
amp	8,8-cm-Kampfwagenkanone 43 L/71 für Panzerkampfwagen Tiger II Porsche-Turm-Rohr grau, Mantel mennige rotbraun gelb Verschluß weiß elfenbein MN P 33	Dortmund	Dortmund-Hoerder Hüttenverein AG. Dortmund. Rheinische Straße 173
ezy	Batterie zur Betätigung der elektrischen Abfeuerung für Maschinengewehr 131 Geräte Nr. 102275 A1 Bauart G	Dortmund	Dominitwerke AG. Grubenlampenwerk. Dortmund Kartstr. 7 - 8
akb	Maschinengewehr 151 /20	Dresden	Universelle Cigarettenmaschinenfabrik J.C. Müller & Co. Dresden A 34. Zwickauer Str. 46 - 58
akb 1942	2-cm-Flugzeugabwehrkanone 30	Dresden	Universelle Cigarettenmaschinenfabrik J.C. Müller & Co. Dresden A 34. Zwickauer Str. 46 - 58
bwt	Zielfernrohr 3 x 8 Grad	Dresden	Heyde KG, G., Instrumente. Dresden N 23. Kleiststr. 10
ctd 1944	Brennzeitzünder für Eierhandgranate 39	Dresden	Reiche AG. Anton. Blechemballagen. Dresden A 27. Bambergerstr. 1 - 9
cw 1944	Kleinfunksprechgerät "d"	Dresden	Firma Mende Dresden
cxp 1942	Ledertasche für Gewehr Granat Gerät	Dresden	Lehmann J.M.. Maschinenfabrik Dresden
cxp 1942	Verschluß der 7,5-cm-Kampfwagenkanone 40 L/48. R 4480 FI 804	Dresden	Lehmann J.M.. Maschinenfabrik Dresden
dpv 1942	Zeitzünder S/30	Dresden	Zeiss-Ikon AG. Dresden
dpv 1942	Zeitzünder S/30	Dresden	Zeiss-Ikon AG. Dresden
dpv 1943	Zeitzünder S/30	Dresden	Zeiss-Ikon AG. Dresden
dpv 1944	kleiner Aufschlagzünder 23 umg.	Dresden	Zeiss-Ikon AG. Dresden
dpv 1944	kleiner Aufschlagzünder 23 um.	Dresden	Zeiss-Ikon AG. Dresden
dpv 1944	kleiner Aufschlagzünder 23 umg.	Dresden	Zeiss-Ikon AG .Dresden
jfw 1945	Wasserpumpe für Flugzeugmotor Jumo 211 Baugruppe 9-211-517	Dresden	Bark, Otto, Motoren Dresden. Tharandterstr. 35
jlp 1943	Bodenplatte für 8-cm-Granatwerfer 34	Dresden	Klemm, Karl. Maschinenfabrik. Bannewitz / Dresden A 28 Bahnhofstr. 35
htg	Patronenhülse für 2-cm-Maschinengewehr 151/20	Duderstadt	Polte Werk. Duderstadt
htg 1942	Patronenhülse für 2-cm-Maschinengewehr 151/20	Duderstadt	Polte Werk. Duderstadt
dbg 1943	Packzettel Teilkartusche für 12-cm-Granatwerfer 42	Düneberg	Dynamit AG. vormals Alfred Nabel & Co. Werk Düneberg
dbg 1943	Treibladung für 7,62-cm-Panzerabwehrkanone 36 / 7,62-cm-FK 39	Düneberg	Dynamit AG. vormals Alfred Nobel & Co Werk Düneberg
dbg 1943	10,506 kg Diglikol-Röhrenpulver KO/A (820-6,/2,2)	Düneberg	Dynamit AG vormals Alfred Nobel & Co Werk Düneberg
dbg	10,506 kg Diglikol-Röhrenpulver - KO/A	Düneberg	Dynamit AG vormals Alfred Nobel & Co Werk

Offiziell ist das Kettenkraftrad (Sd.Kfz.2) am 7. Juni 1941 zur Einführung gelangt. Hersteller war die Firma NSU in Neckarsulm. Zirka 8000 Fahrzeuge sind hergestellt worden.

Die hier gezeigten Bilder sind im Mai 1984 entstanden. Nach dem Zweiten Weltkrieg wurden Kettenkräder in der Landwirtschaft verwendet. Wegen der vergleichsweise niedrigen Unterhaltungskosten blieben viele davon erhalten und erfreuen sich heute bei Sammlern großer Beliebtheit.

Eine anschauliche Demonstration der Leistungsfähigkeit - Kettenkraftrad (Sd.Kfz.2) mit Sonderanhänger (einachsig). Aufnahme vom Mai 1984.

Fragment eines Kettenkraftrad (Sd.Kfz.2) auf dem Gelände einer Tischlerei in Freital. Aufnahme aus dem Jahr 1991.

Die Infanteriekarre (If.8), Ausführung mit eisenbereiften Stahlspeichenrädern. Das Fahrzeug mit der Nummer war 1944 von der Firma Poremba Werkzeugmaschinenfabrik und Eisengießerei in Poremba im Warthegau hergestellt worden (Codierung osl).

Neuf Brisach
Volgelsheim
Petite Hollande Fme
Ruechhurst
Halbweg
Weiherfeld
Umbruch
Mittelfeld
Locheracker
Capuziner Wald
Panzer IV -Turm
Ansel
Sandacker
Härtle
auf die Alte Strasse
im Sudloch
am Viehweg
Langerzug
Herrenacker
auf dem Schlossweg
Krummlug
Steinbachzug
N 415
D 468
D 22

Im August 1998 wurde von Mitgliedern des Freundeskreis Dreieckland-museum Heitersheim in dem südlich von Neu Breisach (Neuf Brisach) gelegenen Fort, nahe dem Capuziner Weld, das Fragment des Dreh-turms eines Panzerkampfwagen IV (7,5-cm-KWK 40 L/48)(Sd. Kfz.161/1), Ausführung G geborgen. Charakteristisch für solche Bodenfunde ist, daß immer die stärker gepanzerten, mit Durchbrüchen für Waffen und Optik versehenen Frontplatten von Panzertürmen erhalten geblieben sind. Sie haben ein höheres Gewicht und waren für eine volkswirtschaft-liche Verwertung von geringerem Interesse. Die Häufigkeit derartiger Fundstücke gestattet verallgemeinernde Schlußfolgerungen hinsichtlich der Verschrottung von Kriegsmaterial nach dem Ende des Zweiten Weltkrieges. Sie war durch einfache Arbeitsmittel und ganz konkrete wirtschaftliche Interessen gekennzeichnet.

In den Datenblättern für Heeres-Waffen, Fahrzeuge, Gerät aus dem Jahr 1944 wurde als Montagefirma für die 7,5-cm-Kampfwagenkanone 40 L/48 die Firma Rheinmetall-Borsig in Unterlüß genannt. Die Kanone des bei Neu Breisach (Neuf Brisach) gefundenen Turm's zeigt Codierungen von Zulieferbetrieben,...

...zu denen die Maschinenfabrik J. M. Lehmann in Dresden (=exp) und die Möbelfabrik Ferdinand Moser & Sohn, Werk Durmersheim bei Karlsruhe gehörten (=edd).

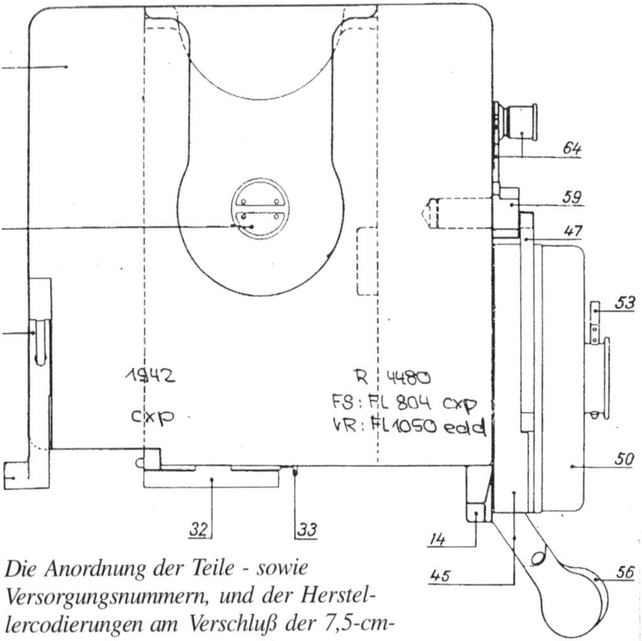

Die Anordnung der Teile - sowie Versorgungsnummern, und der Herstellercodierungen am Verschluß der 7,5-cm-Kampfwagenkanone 40 L/48.

Das Fundstück aus Neu Breisach (Neuf Brisach) auf dem Gelände des Dreiecklandmuseum in Heitersheim. Aufnahme vom Februar 1999.

linke Seite unten: Charakteristisch für Fundstücke von Panzerkampfwagen deutscher Fertigung sind gewalzte, teilweise oberflächengehärtete Panzerbleche, die mit arbeitsaufwendigen, schnurgerade gezogenen Schweißnähten verbunden wurden.

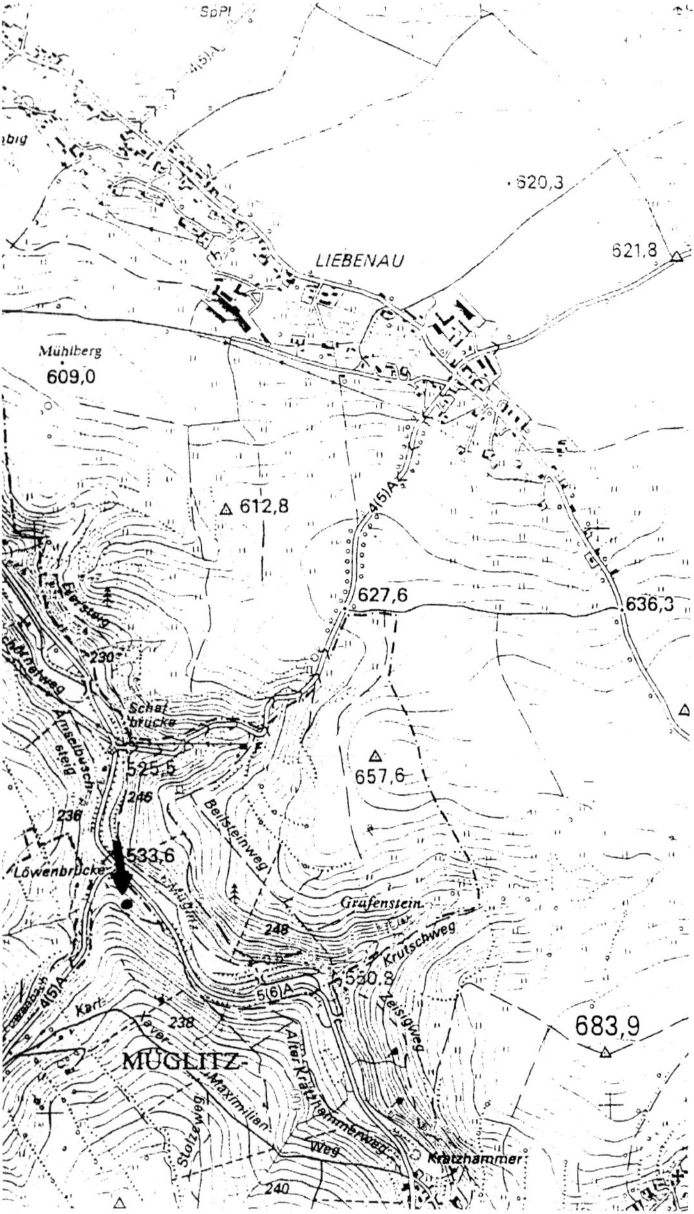
SpPl
LIEBENAU
620,3
621,8
Mühlberg
609,0
612,8
627,6
636,3
Eiersteig
230
Schafbrücke
Amselbuschsteig
525,5
246
236
657,6
Beilsteinweg
533,6
Löwenbrücke
Müglitz
Grafenstein
Krutschweg
248
530,8
5(6)A
4(5)A
Zeisigweg
683,9
Karl-Xaver-
238
MÜGLITZ-
Maximilian-
Alter Kratzhammerweg
Stolzeweg
Weg
Kratzhammer
240

In den Jahren 1994/95 wurden, mit der Unterstützung von Heimatforschern, im Osterzgebirge Recherchen durchgeführt, deren Ziel es war, an Hand von Bodenfunden verwertbare Angaben über die Kämpfe in diesem Gebiet im Mai 1945, und die dabei eingesetzten Kräfte und Mittel zu erhalten. Gesicherte Erkenntnisse liegen mittlerweile zu über 120 deutschen Panzerkampfwagen und gepanzerten Fahrzeugen vor. Hinzu kommen Kraftfahrzeuge und 24 Geschütze,19 russische Panzer und Selbstfahrlafetten konnten als Totalausfälle festgestellt werden. Zu den Fundstücken gehörte auch die Frontplatte eines deutschen Panzerkampfwagen IV (vgl. S. 95), die am 1. November 1995 im Müglitztal, unterhalb der Gemeinde Löwenhain geborgen werden konnte.

Die beiden Abbildungen zeigen Teile aus dem Frontbereich des Panzerkampfwagen IV-Drehturms. Erkennbar ist der Ausschnitt für die Walzenblende der Kampfwagenkanone und das rechte Schildzapfenlager.

Die Frontplatte der Wanne eines russischen T-34. Der Panzer ist im Frühjahr 1945 in der Ortschaft Lebus. Nördlich von Frankfurt an der Oder abgeschossen worden. Die Aufnahme entstand am 9. Juli 1992.

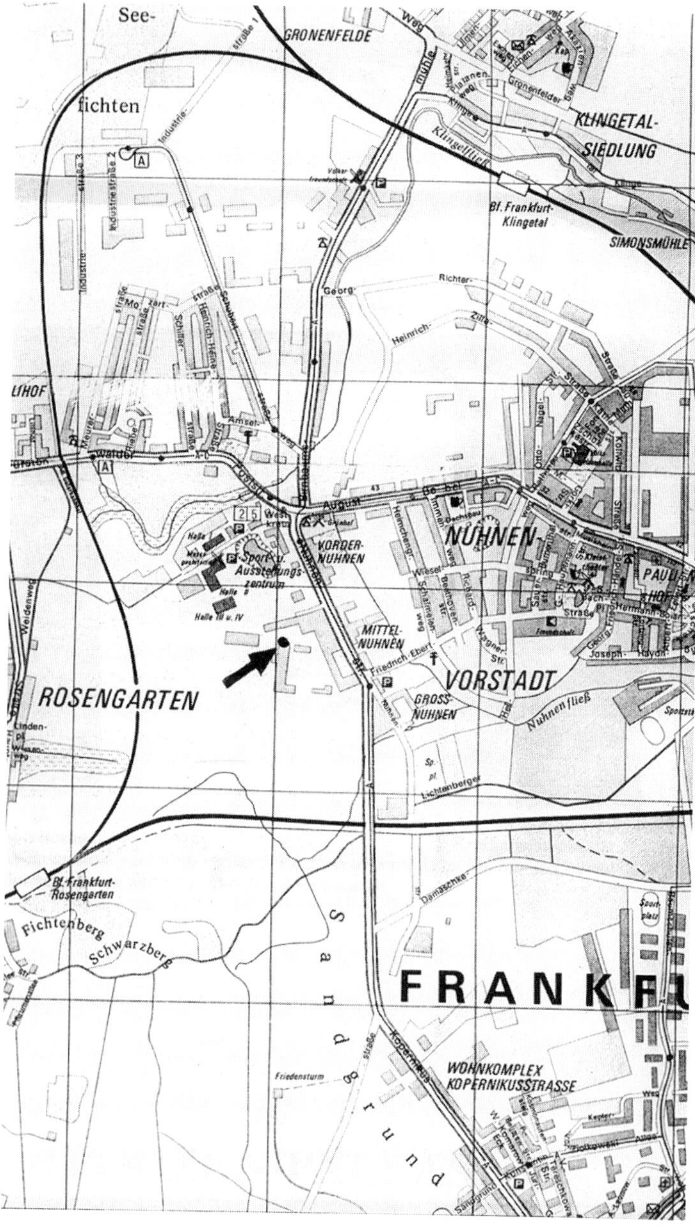
See-
fichten
GRONENFELDE
KLINGETAL-
SIEDLUNG
Bf. Frankfurt-
Klingetal
SIMONSMÜHLE
NUHNEN
VORDER-
NUHNEN
Sport- u.
Ausstellungs-
zentrum
MITTEL-
NUHNEN
VORSTADT
GROSS-
NUHNEN
ROSENGARTEN
Nuhnenfließ
Bf. Frankfurt-
Rosengarten
Fichtenberg
Schwarzberg
S a n d g r u n d
FRANKFU
WOHNKOMPLEX
KOPERNIKUSSTRASSE
Friedensturm
Damaschke-
Lichtenberger
Weidenweg

Eine interessante Exponatgeschichte läßt dieser Panzerturm vermuten, der im Juli 1997 auf einem ehemaligen Kasernengelände in der Nuhnenstraße, in Frankfurt an der Oder, gefunden worden ist. Ursprünglich gehörte er zu einem russischen Panzerspähwagen BA-32 oder einem während des Bürgerkrieges in Spanien 1936-1939 eingesetzten Ableger dieses Fahrzeugtyps. Nachgewiesen ist der Einsatz eines solchen Panzerspähwagens als Rundfunkaufnahmewagen der Propagandakompanie 612 (Eichkater) zu Beginn des Rußlandfeldzuges im Sommer 1941. Ob der in Frankfurt gefundene Drehturm mit dem dieses Fahrzeuges identisch ist, läßt sich nicht exakt nachweisen. Fest steht, der Drehturm war im Frühjahr 1945 Teil der Verteidigungsstellungen in der zur Festung erklärten Stadt Frankfurt an der Oder.

Die Propagandakompanie 612 (Eichketer) verwendete diesen Panzerspähwagen fur Rundfunk- und Filmaufnahmen. Vergleiche die Turmform (Maschinengewehrblende fehlt)!

Der Drehturm besteht aus 8- bis 16 mm starken Panzerplatten. Die Maschinengewehrblende fehlt. Zwei Sehschlitze wurden nachträglich in die Panzerung geschnitten, was die Vermutung einer ortsfesten Verwendung zu bestätigen scheint. Es ergeben sich folgende Abmessungen: 1420 x 1370 x 515 mm.

Versuch einer Rekonstruktion. Die Einzelteile zum Drehturm eines Panzerkampfwagen V „Panther (Sd.Kfz.171), Ausführung G sind in den Jahren 1994/95 im Osterzgebirge gefunden worden.

rechte Seite unten: Der Drehturm des Beutepanzerkampfwagen Somua S-35(r) mit der 4,7-cm-Kampfwagenkanone 174 (f) und dem 7,5-mm-Maschinengewehr 311(f). Obwohl in einer Aufstellung für Panzertürme vom 26. März 1945 nur fünf solche Türme Erwähnung finden,die alle an der Westfront Verwendung gefunden haben, wurde dieses Exponat im Oderbruch gefunden.

Gut zu erkennen ist, daß der Turm besonders für die Verwendung auf Ringständen für Panzerkampfwagentürme hergerichtet worden ist. Unter anderem hatte man die Kommandantenkuppel entfernt und mit einer Panzerplatte verschlossen.

linke Seite: Das vordere Teil der Deckenpanzerung der Wanne eines Panzerkampfwagen V "Panther" (Sd.Kfz.171) mit Durchbrüchen für Winkelspiegel, Fahrerperiskop und abklappbarer Rohrstütze. Die Aufnahme ist im Juli 1986 in der Gemeinde Gusow im Oderbruch entstanden.
oben und unten: Für die Zerlegung und Verschrottung zu schwer und zu aufwendig -die Turmfront eines schweren russischen Panzers vom Typ IS-2 mit dem Fragment der 122-mm-Kampfwagenkanone D-25 T. Das Teil war im Herbst 1987 beim Pflügen entdeckt worden. Die Aufnahmen entstanden im Februar 1988 nördlich von Golzow, im Oderbruch.

Drehtürme verschiedener Ausführungen des russischen T-34 aus der Fertigung des Jahres 1943. Sie stammen ausnahmslos von Truppenübungsplatzen der ehemaligen NVA, wo sie als Hartziele Verwendung gefunden hatten. Im Jahr 1955 hat die Kasernierte Volkspolizei in der DDR 119 T-34 mit 76,2-mm-Kampfwagenkanone in ihrem Bestand gehabt.

Denkmal-Panzer wandern in's Museum, Abtransport eines mittleren Panzer T-34/85 aus Lauchhammer, März 1991.

Zwischen 1954 und 1956 haben die VEB Robur-Werke in Zittau für die Truppen des Ministerium des Innern in der DDR 300 Panzerspähwagen SK-1 hergestellt. Inzwischen ist die Masse der Fahrzeuge verschrottet. Diese Bilder entstanden im Februar 1983 während der Bergung eines Panzergehäuses.

Der Drehsockel mit Unterlafette für ein Zwillings-Maschinengewehr 34. Das seltene Teil gehörte zu einem Maschinengewehrwagen (If.5), der bis 1945 in den 4. (Maschinengewehr-)Kompanien der Schützen- bzw. Grenadierbataillone des Heeres Verwendung gefunden haben.

Der Rahmen für das Fahrerhaus eines Raupenschlepper Ost (RSO). Die Aufnahme ist im Mai 1989 an der Straße von Radeland nach Baruth entstanden. Im April 1945 war es hier zu schweren Kämpfen gekommen, als es Teilen der 9. Armee gelang aus dem Kessel von Halbe auszubrechen.

Bereits Ende der 60er Jahre ist dieser leichte Ladungsträger "Goliath" (Sd.Kfz.303) unterhalb von Tangermünde aus der Elbe geborgen worden.

Munitionswagen (Hinter- und Vorderwagen) für Feldartilleriegerät 96 n/A. Der Wagentyp war bereits zu Beginn des 20. Jahrhunderts in den Feldkanonenbatterien des Heeres zur Einführung gekommen. Im Frühjahr 1945 gehörte das hier gezeigte Fahrzeug zur Ausrüstung der Festungsartillerie in Frankfurt an der Oder. Es wurde nach Kriegsende vergraben und erst in der zweiten Hälfte der 90er Jahre geborgen.

Die Überreste der am 7. Mai 1945 im Tharandter Wald nahe Spechthausen abgestürzten Focke-Wulf 190 des Oberleutnant Martin Schramm. Er war Angehöriger der 2./ Schlachtgeschwader 101 in Oldenburg gewesen und hat den Absturz nicht überlebt. Beide Aufnahmen sind im Oktober 1998 entstanden. Beachte die vom Aufschlagbrand geschwärzten Steine im Hintergrund.

Im März 1998 wurden bei Erschließungsarbeiten zur Erneuerung der Bundesautobahn zwischen Dresden-Wilder Mann und Dresden-Hellerau diese als Tschechenigel bezeichneten Panzerhindernisse gefunden. Dresden war im Frühjahr 1945 Verteidigungsbereich; dem entsprechend hatte man Stellungen aufgebaut und Minenfelder sowie Hindernisse errichtet.

"Tschechenigel" bestanden aus Stahlbeton, waren etwa 1,8 m hoch und dienten als Schnell-Straßensperren gegen gepanzerte Radfahrzeuge. Sie mußten, um wirksam zu sein, in drei Reihen und mit einem Abstand von 3 m aufgestellt werden.

Während des Zweiten Weltkrieges wurden von der Baustoffindustrie in den Gauen transportable Luftschutzbunker hergestellt. Die Pläne dazu gab das Reichsluftfahrtministerium heraus. Diese beiden Bunker haben ursprünglich auf dem Gelände der Sächsischen Gußstahlwerke in Freital gestanden.

Diese Aufnahme ist am 22. April 1998 in Dresden auf der Pietzschstraße entstanden. Sie zeigt einen 4150 kg schweren Luftschutzbunker, der vom Grundstücksbesitzer nach dem Krieg umgelegt und vergraben worden war. Hersteller war das Betonwerk Cossebaude.

Oberreste eines russischen Schlachtflugzeuges Il-2 auf dem Gelände des Flugplatzes Großenhain, Aufnahme vom Juni 1996.

Auf diesen Bildern ist die Panzerung der Pilotenkabine der Il-2 gut zu erkennen. Das Flugzeugteil ist inzwischen von Mitgliedern des "Sächsischen Vereins fur historisches Fluggerät" geborgen worden und bildet, zusammen mit anderen Fundstücken, die Grundlage für die Rekonstruktion eines solchen Flugzeuges.

Fragmente von Waffen- und Ausrüstungsgegenständen, die Anfang der 80er Jahre am Bahnübergang in Halbe gefunden worden sind.

Feldforschung im Osterzgebirge, Sommer 1996.

Die sterblichen Überreste eines unbekannten deutschen Soldaten, der im Sommer 1986, bei Arbeiten zur Munitionsberäumung am Bahndamm, südlich der Ortschaft Halbe geborgen wurde.

Kriegsschrott am Ufer der Dahme, unweit von Märkisch-Buchholz.

Ausgrabungen in der Radeländer Siedlung am 26. Mai 1986.

Die Spurensuche geht weiter...

Band 1
In Kürze wieder lieferbar - bitte vorbestellen!

SPURENSUCHE

Band 1
Das Aufspüren, Bergen und Bewahren
von militärischen Bodenfunden
Wolfgang Fleischer
128 S. • 120 Abb. • TB
24,80 DM

SPURENSUCHE

Band 2
Das Sichern, Konservieren und Restaurieren
von militärischen Bodenfunden
Volkmar Stimpel
112 S. • ca. 100 Abb. • TB
24,80 DM

SPURENSUCHE

Band 3
ZEUGNISSE DES LUFTKRIEGES
Flugzeugbergung
und Fliegerschicksale
Michael Balss
128 S. • ca. 100 Abb. • TB
24,80 DM